ISBN-13: 978-1517052331

ISBN-10: 1517052335

NORMATIVAS EN INSTALACIONES ELECTRICAS
REBT - PRL - MEDIOAMBIENTE

Miguel D'Addario

Primera edición

2015

CE

Índice

Reglamento electrotécnico de baja tensión: Instalaciones de puesta a tierra. Instalaciones en locales de pública concurrencia. Prescripciones particulares para las instalaciones eléctricas de los locales con riesgo de incendio o explosión. Instalaciones en locales de características especiales. Instalaciones con fines especiales (ITC-BT-31, 32), instalaciones con fines especiales (ITC-BT-38). Instalaciones generadoras de baja tensión.

INSTALACIONES DE PUESTA A TIERRA

Artículo 17. Receptores y puesta a tierra

Sin perjuicio de las disposiciones referentes a los requisitos técnicos de diseño de los materiales eléctricos, según lo estipulado en el artículo 6, la instalación de los receptores, así como el sistema de protección por puesta a tierra, deberán respetar lo dispuesto en las correspondientes instrucciones técnicas complementarias.

Instrucción Técnica Complementaria para Baja Tensión: ITC-BT-18 Instalaciones de puesta a tierra.

ITC-BT-18 del Reglamento electrotécnico para baja tensión aprobado por **REAL DECRETO 842/2002**, de 2 de agosto. BOE núm. 224 del miércoles 18 de septiembre.

1. OBJETO

Las puestas a tierra se establecen principalmente con objeto de limitar la tensión que, con respecto a tierra, puedan presentar en un momento dado las masas metálicas, asegurar la actuación de las protecciones y eliminar o disminuir el riesgo que supone una avería en los materiales eléctricos utilizados. Cuando otras instrucciones técnicas prescriban como obligatoria la puesta a tierra de algún elemento o parte de la instalación, dichas puestas a tierra se regirán por el contenido de la presente instrucción.

2. PUESTA O CONEXIÓN A TIERRA. DEFINICIÓN

La puesta o conexión a tierra es la unión eléctrica directa, sin fusibles ni protección alguna, de una parte del circuito eléctrico o de una parte conductora no perteneciente al mismo mediante una toma de tierra con un electrodo o grupos de electrodos enterrados en el suelo. Mediante la instalación de puesta a tierra se deberá conseguir que en el conjunto de instalaciones, edificios y superficie próxima del terreno no aparezcan diferencias de potencial peligrosas y que, al mismo tiempo, permita el paso a tierra de las corrientes de defecto o las de descarga de origen atmosférico.

3. UNIONES A TIERRA

Las disposiciones de puesta a tierra pueden ser utilizadas a la vez o separadamente, por razones de protección o razones funcionales, según las prescripciones de la instalación.

La elección e instalación de los materiales que aseguren la puesta a tierra deben ser tales que:

- El valor de la resistencia de puesta a tierra esté conforme con las normas de protección y de funcionamiento de la instalación y se mantenga de esta manera a lo largo del tiempo, teniendo en cuenta los requisitos generales indicados en la **ITC-BT-24** y los requisitos particulares de las Instrucciones Técnicas aplicables a cada instalación.

- Las corrientes de defecto a tierra y las corrientes de fuga puedan circular sin peligro, particularmente desde el punto de vista de solicitaciones térmicas, mecánicas y eléctricas.

- La solidez o la protección mecánica quede asegurada con independencia de las condiciones estimadas de influencias externas.

- Contemplen los posibles riesgos debidos a electrólisis que pudieran afectar a otras partes metálicas.

En la figura 1 se indican las partes típicas de una instalación de puesta a tierra:

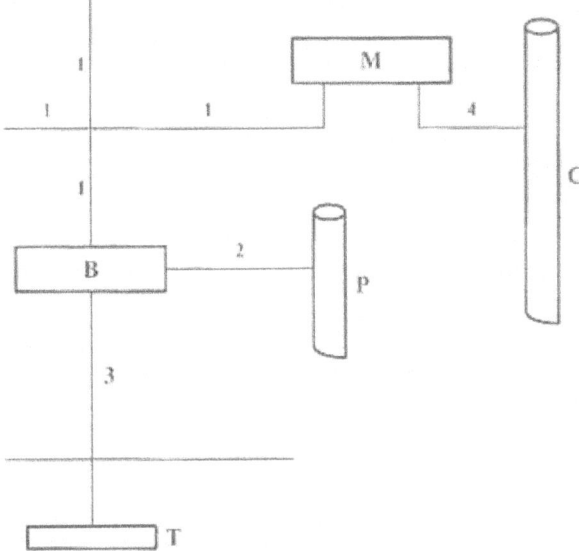

Fig. 1 esquema de un circuito de puesta a tierra

Leyenda

1 Conductor de protección.

2 Conductor de unión equipotencial principal.

3 Conductor de tierra o línea de enlace con el electrodo de puesta a tierra.

4 Conductor de equipotencialidad suplementaria.

B. Borne principal de tierra o punto de puesta a tierra

M. Masa

C. Elemento conductor.

P. Canalización metálica principal de agua.

T. Toma de tierra

Tomas de tierra

Para la toma de tierra se pueden utilizar electrodos formados por:

- Barras, tubos;
- Pletinas, conductores desnudos;
- Placas;
- Anillos o mallas metálicas constituidos por los elementos anteriores o sus combinaciones;
- Armaduras de hormigón enterradas, con excepción de las armaduras pretensadas;
- Otras estructuras enterradas que se demuestre que son apropiadas.

Los conductores de cobre utilizados corno electrodos serán de construcción y resistencia eléctrica según la clase 2 de la normal UNE 21022. El tipo y la profundidad de enterramiento de las tomas de tierra deben ser tales que la posible pérdida de humedad del suelo, la presencia del hielo u otros efectos climáticos, no aumenten la resistencia de la toma de tierra por encima del valor previsto. La profundidad nunca será inferior a 0,50 m. Los materiales utilizados y la realización de las tomas de tierra deben ser tales que no se vea afectada la resistencia mecánica y eléctrica por efecto de la corrosión de forma que comprometa las características del diseño de la instalación. Las canalizaciones metálicas de otros servicios (agua, líquidos o gases inflamables, calefacción central, etc.) no deben ser utilizadas como tomas de tierra por razones de seguridad. Las envolventes de plomo y otras envolventes de cables que no sean susceptibles de deterioro debido a una corrosión excesiva, pueden ser utilizadas como toma de tierra, previa autorización del propietario, tomando las precauciones debidas para que el usuario de la instalación eléctrica sea advertido de los cambios del cable que podría afectar a sus características de puesta a tierra.

Conductores de tierra

La sección de los conductores de tierra tiene que satisfacer las prescripciones del **apartado 3.4** de esta Instrucción y, cuando estén enterrados, deberán estar de acuerdo con los valores de la **tabla 1**. La sección no será inferior a la mínima exigida para los conductores de protección.

Tabla 1. Secciones mínimas convencionales de los conductores de tierra

TIPO	Protegido mecánicamente	No protegido mecánicamente
Protegido contra la corrosión$^{(*)}$	Según **apartado 3.4**	16 mm² Cobre 16 mm² Acero Galvanizado
No protegido contra la corrosión	25 mm² Cobre 50 mm² Hierro	
$^{(*)}$ La protección contra la corrosión puede obtenerse mediante una envolvente		

Durante la ejecución de las uniones entre conductores de tierra y electrodos de tierra debe extremarse el cuidado para que resulten eléctricamente correctas. Debe cuidarse, en especial, que las conexiones, no dañen ni a los conductores ni a los electrodos de tierra.

Bornes de puesta a tierra

En toda instalación de puesta a tierra debe preverse un borne principal de tierra, al cual deben unirse los conductores siguientes:

- Los conductores de tierra,
- Los conductores de protección.
- Los conductores de unión equipotencial principal.
- Los conductores de puesta a tierra funcional, si son necesarios.

Debe preverse sobre los conductores de tierra y en lugar accesible, un dispositivo que permita medir la resistencia de la toma de tierra correspondiente. Este dispositivo puede estar combinado con el borne principal de tierra, debe ser desmontable necesariamente por medio de un útil, tiene que ser mecánicamente seguro y debe asegurar la continuidad eléctrica.

Conductores de protección

Los conductores de protección sirven para unir eléctricamente las masas de una instalación a ciertos elementos con el fin de asegurar la protección contra contactos indirectos.

En el circuito de conexión a tierra, los conductores de protección unirán las masas al conductor de tierra.

En otros casos reciben igualmente el nombre de conductores de protección, aquellos conductores que unen las masas:

- al neutro de la red,
- a un relé de protección.

La sección de los conductores de protección será la indicada en la **tabla 2**, o se obtendrá por cálculo conforme a lo indicado en la Norma UNE 20460 -5-54 apartado 543.1.1.

Tabla 2. Relación entre las secciones de los conductores de protección y los de fase

Sección de los conductores de fase de la instalación S (mm²)	Sección mínima de los conductores de protección S_p (mm²)
S ≤ 16	$S_p = S$
16 < S ≤ 35	$S_p = 16$
S > 35	$S_p = S/2$

Si la aplicación de la tabla conduce a valores no normalizados, se han de utilizar conductores que tengan la sección normalizada superior más próxima.

Los valores de la **tabla 2** solo son válidos en el caso de que los conductores de protección hayan sido fabricados del mismo material que los conductores activos; de no ser así, las secciones de los conductores de protección se determinarán de forma que presenten una conductividad equivalente a la que resulta aplicando la **tabla 2**.

En todos los casos los conductores de protección que no forman parte de la canalización de alimentación serán de cobre con una sección, al menos de:

- 2,5 mm², si los conductores de protección disponen de una protección mecánica.

- 4 mm², si los conductores de protección no disponen de una protección mecánica.

Cuando el conductor de protección sea común a varios circuitos, la sección de ese conductor debe dimensionarse en función de la mayor sección de los conductores de fase.

Como conductores de protección pueden utilizarse:

- Conductores en los cables multiconductores, o
- Conductores aislados o desnudos que posean una envolvente común con los conductores activos, o
- Conductores separados desnudos o aislados.

Cuando la instalación consta de partes de envolventes de conjuntos montadas en fábrica o de canalizaciones prefabricadas con envolvente metálica, estas envolventes pueden ser utilizadas como conductores de protección si satisfacen, simultáneamente, las tres condiciones siguientes:

a. Su continuidad eléctrica debe ser tal que no resulte afectada por deterioros mecánicos, químicos o electroquímicos,

b. Su conductibilidad debe ser, como mínimo, igual a la que resulta por la aplicación del presente apartado.

c. Deben permitir la conexión de otros conductores de protección en toda derivación predeterminada.

La cubierta exterior de los cables con aislamiento mineral, puede utilizarse como conductor de protección de los circuitos correspondientes, si satisfacen simultáneamente las condiciones a) y b) anteriores. Otros conductos (agua, gas u otros tipos) o estructuras metálicas, no pueden utilizarse como conductores de protección (CP o CPN).

Los conductores de protección deben estar convenientemente protegidos contra deterioros mecánicos, químicos y electroquímicos y contra los esfuerzos electrodinámicos.

Las conexiones deben ser accesibles para la verificación y ensayos, excepto en el caso de las efectuadas en cajas selladas con material de relleno o en cajas no desmontables con juntas estancas. Ningún aparato deberá ser intercalado en el conductor de protección, aunque para los ensayos podrán utilizarse conexiones desmontables mediante útiles adecuados.

Las masas de los equipos a unir con los conductores de protección no deben ser conectadas en serie en un circuito de protección, con excepción de las envolventes montadas en fábrica o canalizaciones prefabricadas mencionadas anteriormente.

4. PUESTA A TIERRA POR RAZONES DE PROTECCIÓN

Para las medidas de protección en los esquemas TN, TT e IT, ver la **ITC-BT-24**. Cuando se utilicen dispositivos de protección contra sobreintensidades para la protección contra el choque eléctrico, será preceptiva la incorporación del conductor de protección en la misma canalización que los conductores activos o en su proximidad inmediata.

Tomas de tierra y conductores de protección para dispositivos de control de tensión de defecto.

La toma de tierra auxiliar del dispositivo debe ser eléctricamente independiente de todos los elementos metálicos puestos a tierra, tales como elementos de construcciones metálicas, conducciones metálicas, cubiertas metálicas de cables. Esta condición se considera como cumplida si la toma de tierra auxiliar se instala a una distancia suficiente de todo elemento metálico puesto a tierra, tal que quede fuera de la zona de influencia de la puesta a tierra principal. La unión a esta toma de tierra debe estar aislada, con el fin de evitar todo contacto con el conductor de protección o cualquier elemento que pueda estar conectado a él.

El conductor de protección no debe estar unido más que a las masas de aquellos equipos eléctricos cuya alimentación pueda ser interrumpida cuando el dispositivo de protección funcione en las condiciones de defecto.

5. PUESTA A TIERRA POR RAZONES FUNCIONALES

Las puestas a tierra por razones funcionales deben ser realizadas de forma que aseguren el funcionamiento correcto del equipo y permitan un funcionamiento correcto y fiable de la instalación.

6. PUESTA A TIERRA POR RAZONES COMBINADAS DE PROTECCIÓN Y FUNCIONALES

Cuando la puesta a tierra sea necesaria a la vez por razones de protección y funcionales, prevalecerán las prescripciones de las medidas de protección.

7. CONDUCTORES CPN (TAMBIÉN DENOMINADOS PEN)

En el esquema TN, cuando en las instalaciones fijas el conductor de protección tenga una sección al menos igual a 10 mm^2, en cobre o aluminio, las funciones de conductor de protección y de conductor neutro pueden ser combinadas, a condición de que la parte de la instalación común no se encuentre protegida por un dispositivo de protección de corriente diferencial residual.

Sin embargo, la sección de mínima de un conductor CPN puede ser de 4 mm^2, a condición de que el cable sea de cobre y del tipo concéntrico y que las conexiones que aseguran la continuidad estén duplicadas en todos los puntos de conexión sobre el conductor externo. El conductor CPN concéntrico debe utilizarse a partir del transformador y debe limitarse a aquellas instalaciones en las que se utilicen accesorios concebidos para este fin.

El conductor CPN debe estar aislado para la tensión más elevada a la que puede estar sometido, con el fin de evitar la corriente de fuga. El conductor CPN no tiene necesidad de estar aislado en el interior de los aparatos. Si a partir de un punto cualquiera de la instalación, el conductor neutro y el conductor de protección están separados, no estará permitido conectarlos entre sí en la continuación del circuito por detrás de este punto. En el punto de separación, deben preverse bornes o barras separadas para el conductor de protección y para el conductor neutro. El conductor CPN debe estar unido al borne o a la barra prevista para el conductor de protección.

8. CONDUCTORES DE EQUIPOTENCIALIDAD

El conductor principal de equipotencialidad debe tener una sección no inferior a la mitad de la del conductor de protección de sección mayor de la instalación, con un mínimo de 6 mm^2. Sin embargo, su sección puede ser reducida a 2,5 mm^2, si es de cobre. Si el conductor suplementario de equipotencialidad uniera una masa a un elemento conductor, su sección no será inferior a la mitad de la del conductor de protección unido a esta masa.

La unión de equipotencialidad suplementaria puede estar asegurada, bien por elementos conductores no desmontables, tales como estructuras metálicas no desmontables, bien por conductores suplementarios, o por combinación de los dos.

9. RESISTENCIA DE LAS TOMAS DE TIERRA

El electrodo se dimensionará de forma que su resistencia de tierra, en cualquier circunstancia previsible, no sea superior al valor especificado para ella, en cada caso.

Este valor de resistencia de tierra será tal que cualquier masa no pueda dar lugar a tensiones de contacto superiores a:

- 24 V en local o emplazamiento conductor
- 50 V en los demás casos.

Si las condiciones de la instalación son tales que pueden dar lugar a tensiones de contacto superiores a los valores señalados anteriormente, se asegurará la rápida eliminación de la falta mediante dispositivos de corte adecuados a la corriente de servicio. La resistencia de un electrodo depende de sus dimensiones, de su forma y de la resistividad M terreno en el que se establece. Esta resistividad varía frecuentemente de un punto a otro del terreno, y varía también con la profundidad.

La tabla 3 muestra, a título de orientación, unos valores de la resistividad para un cierto número de terrenos, Con objeto de obtener una primera aproximación de la resistencia a tierra, los cálculos pueden efectuarse utilizando los valores medios indicados en la tabla 4. Aunque los cálculos efectuados a partir de estos valores no dan más que un valor muy aproximado de la resistencia a tierra del electrodo, la medida de resistencia de tierra de este electrodo puede permitir, aplicando las fórmulas dadas en la tabla 5, estimar el valor medio local de la resistividad del terreno. El conocimiento de este valor puede ser útil para trabajos posteriores efectuados, en condiciones análogas.

Tabla 3. Valores orientativos de la resistividad en función del terreno

Naturaleza terreno	Resistividad en Ohm x m
Terrenos pantanosos	De algunas unidades a 30
Limo	20a 100
Humus	10 a 150
Turba húmeda	5 a 100
Arcilla plástica	50
Margas y Arcillas compactas	100 a 200
Margas del Jurásico	30 a 40
Arena arcillosas	50 a 500
Arena silícea	200 a 3.000
Suelo pedregoso cubierto de césped	300 a 500
Suelo pedregoso desnudo	1500 a 3000
Calizas blandas	100 a 300
Calizas compactas	1.000 a 5.000
Calizas agrietadas	500 a 1000
Pizarras	50 a 300
Roca de mica y cuarzo	800
Granitos y gres procedente de alteración	1. 500 a 10.000
Granito y gres muy alterado	100 a 600

Tabla 4. Valores medios aproximados de la resistividad en función del terreno.

Naturaleza del terreno	Valor medio de la resistividad Ohm x m
Terrenos cultivables y fértiles, terraplenes compactos y húmedos	50
Terraplenes cultivables poco fértiles y otros terraplenes	500
Suelos pedregosos desnudos, arenas secas permeables	3.000

Tabla 5. Fórmulas para estimar la resistencia de tierra en función de la resistividad del terreno y las características del electrodo

Electrodo	Resistencia de Tierra en Ohm
Placa enterrada	$R = 0,8 \, \rho/P$
Pica vertical	$R = \rho/L$
Conductor enterrado horizontalmente	$R = 2 \, \rho/L$
ρ, resistividad del terreno (Ohm x m)	
P, perímetro de la placa (m)	
L, longitud de la pica o del conductor (m)	

10. TOMAS DE TIERRA INDEPENDIENTES

Se considerará independiente una toma de tierra respecto a otra, cuando una de las tomas de tierra, no alcance, respecto a un punto de potencial cero, una tensión superior a 50 V cuando por la otra circula la máxima corriente de defecto a tierra prevista.

11. SEPARACIÓN ENTRE LAS TOMAS DE TIERRA DE LAS MASAS DE LAS INSTALACIONES DE UTILIZACIÓN Y DE LAS MASAS DE UN CENTRÓ DE TRANSFORMACIÓN

Se verificará que las masas puestas a tierra en una instalación de utilización, así como los conductores de protección asociados a estas masas o a los relés de protección de masa, no están unidas a la toma de tierra de las masas de un centro de transformación, para evitar que durante la evacuación de un defecto a tierra en el centro de transformación, las masas de la instalación de utilización puedan quedar sometidas a tensiones de contacto peligrosas. Si no se hace el control de independencia del punto 10, entre la puesta a tierra de las masas de las instalaciones de utilización respecto a la puesta a tierra de protección o masas del centro de transformación, se considerará que las tomas de tierra son eléctricamente independientes cuando se cumplan todas y cada una de las condiciones siguientes:

a. No exista canalización metálica conductora (cubierta metálica de cable no aislada especialmente, canalización de agua, gas, etc.) que una la zona de tierras del centro de transformación con la zona en donde se encuentran los aparatos de utilización.

b. La distancia entre las tomas de tierra del centro de transformación y las tomas de tierra u otros elementos conductores enterrados en los locales de utilización es al menos igual a 15 metros para terrenos cuya resistividad no sea elevada (<100 ohmios x m). Cuando el terreno sea muy mal conductor, la distancia se calculará, aplicando la fórmula :

$$D = \frac{\rho I_d}{2\pi U}$$

Siendo: **D** distancia entre electrodos, en metros; **p** resistividad media del terreno en ohmios x metro; **Id** intensidad de defecto a tierra, en amperios, para el lado de alta tensión, que será facilitado por la empresa eléctrica; **U** 1200 V para sistemas de distribución TT, siempre que el tiempo de eliminación del defecto en la instalación de alta tensión sea menor o igual a 5 segundos y 250 V, en caso contrario. Para redes TN, U será inferior a dos veces la tensión de contacto máxima admisible de la instalación definida en el punto 1.1 de la MIE-RAT 13 del Reglamento sobre Condiciones Técnicas y Garantía de Seguridad en Centrales Eléctricas, Subestaciones y Centros de Trasformación.

c. El centro de transformación está situado en un recinto aislado de los locales de utilización o bien, si esta contiguo a los locales de utilización o en el interior de los mismos, está establecido de tal manera que sus elementos metálicos no están unidos eléctricamente a los elementos metálicos constructivos de los locales de utilización.

Sólo se podrán unir la puesta a tierra de la instalación de utilización (edificio) y la puesta a tierra de protección (masas) del centro de transformación, si el valor de la resistencia de puesta a tierra única es lo suficientemente baja para que se cumpla que en el caso de evacuar el máximo valor previsto de la corriente de defecto a tierra (id) en el centro de transformación, el valor de la tensión de defecto ($V_d = I_d * R_t$) sea menor que la tensión de contacto máximo aplicada, definida en el punto 1.1 de la MIE-RAT 13 del Reglamento sobre Condiciones Técnicas y Garantía de Seguridad en Centrales Eléctricas, Subestaciones y Centros de Trasformación.

12. REVISIÓN DE LAS TOMAS DE TIERRA

Por la importancia que ofrece, desde el punto de vista de la seguridad cualquier instalación de toma de tierra, deberá ser obligatoriamente comprobada por el Director de la Obra o Instalador Autorizado en el momento de dar de alta la instalación para su puesta en marcha o en funcionamiento. Personal técnicamente competente efectuará la comprobación de la instalación de puesta a tierra, al menos anualmente, en la época en la que el terreno esté más seco. Para ello, se medirá la resistencia de tierra, y se repararán con carácter urgente los defectos que se encuentren. En los lugares en que el terreno no sea favorable a la buena conservación de los electrodos, éstos y los conductores de enlace entre ellos hasta el punto de puesta a tierra, se pondrán al descubierto para su examen, al menos una vez cada cinco años.

INSTALACIONES EN LOCALES DE PÚBLICA CONCURRENCIA

Instrucción Técnica Complementaria para Baja Tensión: ITC-BT-28 Instalaciones en locales de pública concurrencia.

ITC-BT-28 del Reglamento electrotécnico para baja tensión aprobado por **REAL DECRETO 842/2002**, de 2 de agosto. BOE núm. 224 del miércoles 18 de septiembre.

1. CAMPO DE APLICACIÓN

La presente instrucción se aplica a locales de pública concurrencia como:

Locales de espectáculos y actividades recreativas:

Cualquiera que sea su capacidad de ocupación, como por ejemplo, cines, teatros, auditorios, estadios, pabellones deportivos, plazas de toros, hipódromos, parques de atracciones y ferias fijas, salas de fiesta, discotecas, salas de juegos de azar.

Locales de reunión, trabajo y usos sanitarios:

- Cualquiera que sea su ocupación, los siguientes: Templos, Museos, Salas de conferencias y congresos, casinos, hoteles, hostales, bares, cafeterías, restaurantes o similares, zonas comunes en agrupaciones de establecimientos comerciales, aeropuertos, estaciones de viajeros, estacionamientos cerrados y cubiertos para más de 5 vehículos, hospitales, ambulatorios y sanatorios, asilos y guarderías.

- Si la ocupación prevista es de más de 50 personas: bibliotecas, centros de enseñanza, consultorios médicos, establecimientos comerciales, oficinas con presencia de público, residencias de estudiantes, gimnasios, salas de exposiciones, centros culturales, clubes sociales y deportivos.

La ocupación prevista de los locales se calculará como 1 persona por cada 0,8 m^2 de superficie útil, a excepción de pasillos, repartidores, vestíbulos y servicios.

Para las instalaciones en quirófanos y salas de intervención se establecen requisitos particulares en la **ITC-BT-38**.

Igualmente se aplican a aquellos locales clasificados en condiciones BD2, BD3 y BD4, según la norma UNE 20460 -3 y a todos aquellos locales no contemplados en los apartados anteriores, cuando tengan una capacidad de ocupación de más de 100 personas.

Esta instrucción tiene por objeto garantizar la correcta instalación y funcionamiento de los servicios de seguridad, en especial aquellas dedicadas a alumbrado que faciliten la evacuación segura de las personas o la iluminación de puntos vitales de los edificios.

2. ALIMENTACIÓN DE LOS SERVICIOS DE SEGURIDAD

En el presente apartado se definen las características de la alimentación de los servicios de seguridad tales como alumbrados de emergencia, sistemas contra incendios, ascensores u otros servicios urgentes indispensables que están fijados por las reglamentaciones específicas de las diferentes Autoridades competentes en materia de seguridad.

La alimentación Para los servicios de seguridad, en función de lo que establezcan las reglamentaciones específicas, puede ser automática o no automática.

En una alimentación automática la puesta en servicio de la alimentación no depende de la intervención de un operador.

Una alimentación automática se clasifica, según la duración de conmutación, en las siguientes categorías:

- Sin corte: alimentación automática que puede estar asegurada de forma continua en las condiciones especificadas durante el periodo de transición, por ejemplo, en lo que se refiere a las variaciones de tensión y frecuencia.

- Con corte muy breve: alimentación automática disponible en 0,15 segundos como máximo.

- Con corte breve: alimentación automática disponible en 0,5 segundos como máximo.
- Con corte mediano: alimentación automática disponible en 15 segundos como máximo.
- Con corte largo: alimentación automática disponible en más de 15 segundos.

Generalidades y fuentes de alimentación

Para los servicios de seguridad la fuente de energía debe ser elegida de forma que la alimentación esté asegurada durante un tiempo apropiado.

Para que los servicios de seguridad funcionen en caso de incendio, los equipos y materiales utilizados deben presentar, por construcción o por instalación, una resistencia al fuego de duración apropiada.

Se elegirán preferentemente medidas de protección contra los contactos indirectos sin corte automático al primer defecto. En el esquema IT debe preverse un controlador permanente de aislamiento que al primer defecto emita una señal acústica o visual. Los equipos y materiales deberán disponerse de forma que se facilite su verificación periódica, ensayos y mantenimiento.

Se pueden utilizar las siguientes fuentes de alimentación:

- Baterías de acumuladores. Generalmente las baterías de arranque de los vehículos no satisfacen las prescripciones de alimentación para los servicios de seguridad.
- Generadores independientes.
- Derivaciones separadas de la red de distribución, efectivamente independientes de la alimentación normal.

Las fuentes para servicios para servicios complementarios o de seguridad deben estar instaladas en lugar fijo y de forma que no puedan ser afectadas por el fallo de la fuente normal. Además, con excepción de los equipos autónomos, deberán cumplir las siguientes condiciones:

- Se instalarán en emplazamiento apropiado, accesible solamente a las personas cualificadas o expertas.

- El emplazamiento estará convenientemente ventilado, de forma que los gases y los humos que produzcan no puedan propagarse en los locales accesibles a las personas.

- No se admiten derivaciones separadas, independientes y alimentadas por una red de distribución pública, salvo si se asegura que las dos derivaciones no puedan fallar simultáneamente.

- Cuando exista una sola fuente para los servicios de seguridad, ésta no debe ser utilizada para otros usos. Sin embargo, cuando se dispone de varias fuentes, pueden utilizarse igualmente como fuentes de reemplazamiento, con la condición, de que en caso de fallo de una de ellas, la potencia todavía disponible sea suficiente para garantizar la puesta en funcionamiento de todos los servicios de seguridad, siendo necesario generalmente, el corte automático de los equipos no concernientes a la seguridad.

Fuentes propias de energía

Fuente propia de energía es la que está constituida por baterías de acumuladores, aparatos autónomos o grupos electrógenos.

La puesta en funcionamiento se realizará al producirse la falta de tensión en los circuitos alimentados por los diferentes suministros procedentes de la Empresa o Empresas distribuidoras de energía eléctrica, o cuando aquella tensión descienda por debajo del 70% de su valor nominal.

La capacidad mínima de una fuente propia de energía será, como norma general, la precisa para proveer al alumbrado de seguridad en las condiciones señaladas en el **apartado 3.1.**, de esta instrucción.

Suministros complementarlos o de seguridad

Todos los locales de pública concurrencia deberán disponer de alumbrado de emergencia.

Deberán disponer de suministro de socorro los locales de espectáculos y actividades recreativas, cualquiera que sea su ocupación y los locales de reunión, trabajo y usos sanitarios con una ocupación prevista de más de 300 personas.

Deberán disponer de suministro de reserva:

- Hospitales, clínicas, sanatorios, ambulatorios y centros de salud.
- Estaciones de viajeros y aeropuertos.
- Estacionamientos subterráneos para más de 100 vehículos.
- Establecimientos comerciales o agrupaciones de éstos en centros comerciales de más de 2.000 m² de superficie.

- Estadios y pabellones deportivos.

Cuando un local se pueda considerar tanto en el grupo de locales que requieren suministro de socorro como en el grupo que requieren suministro de reserva, se instalará suministro de reserva. En aquellos locales singulares, tales como los establecimientos sanitarios, grandes hoteles de más de 300 habitaciones, locales de espectáculos con capacidad para más de 1.000 espectadores, estaciones de viajeros, estacionamientos subterráneos con más de 100 plazas, aeropuertos y establecimientos comerciales o agrupaciones de éstos en centros comerciales de más de 2.000 m^2 de superficie, las fuentes propias de energía deberán poder suministrar, con independencia de los alumbrados especiales, la potencia necesaria para atender servicios urgentes indispensables cuando sean requeridos por la autoridad competente.

3. ALUMBRADO DE EMERGENCIA

Las instalaciones destinadas a alumbrado de emergencia tienen por objeto asegurar, en caso de fallo de la alimentación al alumbrado normal, la iluminación en los locales y accesos hasta las salidas, para una eventual evacuación del público o iluminar otros puntos que se señalen.

La alimentación del alumbrado de emergencia será automática con corte breve.

Se incluyen dentro de este alumbrado el alumbrado de seguridad y el alumbrado de reemplazamiento.

Alumbrado de seguridad

Es el alumbrado de emergencia previsto para garantizar la seguridad de las personas que evacuen una zona o que tienen que terminar un trabajo potencialmente peligroso antes de abandonar la zona. El alumbrado de seguridad estará previsto para entrar en funcionamiento automáticamente cuando se produce el fallo del alumbrado general o cuando la tensión de éste baje a menos del 70% de su valor nominal. La instalación de este alumbrado será fija y estará provista de fuentes propias de energía. Sólo se podrá utilizar el suministro exterior para proceder a su carga, cuando la fuente propia de energía esté constituida por baterías de acumuladores o aparatos autónomos automáticos.

Alumbrado de evacuación

Es la parte del alumbrado de seguridad previsto para garantizar el reconocimiento y la utilización de los medios o rutas de evacuación cuando los locales estén o puedan estar ocupados.

En rutas de evacuación, el alumbrado de evacuación debe proporcionar, a nivel del suelo y en el eje de los pasos principales, una iluminancia horizontal mínima de 1 lux. En los puntos en los que estén situados los equipos de las instalaciones de protección contra incendios que exijan utilización manual y en los cuadros de distribución del alumbrado, la iluminancia mínima será de 5 lux.

La relación entre la iluminancia máxima y la mínima en el eje de los pasos principales será menor de 40.

El alumbrado de evacuación deberá poder funcionar, cuando se produzca el fallo de la alimentación normal, como mínimo durante una hora, proporcionando la iluminancia prevista.

Alumbrado ambiente o antipánico

Es la parte del alumbrado de seguridad previsto para evitar todo riesgo de pánico y proporcionar una iluminación ambiente adecuada que permita a los ocupantes identificar y acceder a las rutas de evacuación e identificar obstáculos.

El alumbrado ambiente o anti-pánico debe proporcionar una iluminancia horizontal mínima de 0,5 lux en todo el espacio considerado, desde el suelo hasta una altura de 1 m.

La relación entre la iluminancia máxima y la mínima en todo el espacio considerado será menor de 40.

El alumbrado ambiente o anti-pánico deberá poder funcionar, cuando se produzca el fallo de la alimentación normal, como mínimo durante una hora, proporcionando la iluminancia prevista.

Alumbrado de zonas de alto riesgo

Es la parte del alumbrado de seguridad previsto para garantizar la seguridad de las personas ocupadas en actividades potencialmente peligrosas o que trabajan en un entorno peligroso. Permite la interrupción de los trabajos con seguridad para el operador y para los otros ocupantes del local.

El alumbrado de las zonas de alto riesgo debe proporcionar una iluminancia mínima de 15 lux o el 10% de la iluminancia normal, tomando siempre el mayor de los valores.

La relación entre la iluminancia máxima y la mínima en todo el espacio considerado será menor de 10.

El alumbrado de las zonas de alto riesgo deberá poder funcionar, cuando se produzca el fallo de la alimentación normal, como mínimo el tiempo necesario para abandonar la actividad o zona de alto riesgo.

Alumbrado de reemplazamiento

Parte del alumbrado de emergencia que permite la continuidad de las actividades normales.

Cuando el alumbrado de reemplazamiento proporcione una iluminancia inferior al alumbrado normal, se usará únicamente para terminar el trabajo con seguridad.

Lugares en que deberán instalarse alumbrado de emergencia

Con alumbrado de seguridad

Es obligatorio situar el alumbrado de seguridad en las siguientes zonas de los locales de pública concurrencia:

a. en todos los recintos cuya ocupación sea mayor de 100 personas.

b. los recorridos generales de evacuación de zonas destinadas a usos residencial u hospitalario y los de zonas destinadas a cualquier otro uso que estén previstos para la evacuación de más de 100 personas.

c. en los aseos generales de planta en edificios de acceso público.

d. en los estacionamientos cerrados y cubiertos para más de 5 vehículos, incluidos los pasillos y las escaleras que conduzcan desde aquellos hasta el exterior o hasta las zonas generales del edificio.

e. en los locales que alberguen equipos generales de las instalaciones de protección.

f. en las salidas de emergencia y en las señales de seguridad reglamentarias.

g. en todo cambio de dirección de la ruta de evacuación.

h. en toda intersección de pasillos con las rutas de evacuación.

i. en el exterior del edificio, en la vecindad inmediata a la salida.

j. cerca[1] de las escaleras, de manera que cada tramo de escaleras reciba una iluminación directa.

k. cerca[1] de cada cambio de nivel.

l. cerca[1] de cada puesto de primeros auxilios.

m. cerca[1] de cada equipo manual destinado a la prevención y extinción de incendios.

n. en los cuadros de distribución de la instalación de alumbrado de las zonas indicadas anteriormente.

[1] *Cerca significa a una distancia inferior a 2 metros, medida horizontalmente.*

En las zonas incluidas en los apartados m) y n), el alumbrado de seguridad proporcionará una iluminancia mínima de 5 lux al nivel de operación. Solo se instalará alumbrado de seguridad para zonas de alto riesgo en las zonas que así lo requieran, según lo establecido en **3.1.3**. También será necesario instalar alumbrado de evacuación, aunque no sea un local de pública concurrencia, en todas las escaleras de incendios, en particular toda escalera de evacuación de edificios para uso de viviendas excepto las unifamíliares; así como toda zona clasificada como de riesgo especial en el **Artículo 19** de la Norma Básica de Edificación **NBE-CPI-96**.

Con alumbrado de reemplazamiento

En las zonas de hospitalización, la instalación de alumbrado de emergencia proporcionará una iluminancia no inferior de 5 lux y durante 2 horas como mínimo. Las salas de intervención, las destinadas a tratamiento intensivo, las salas de curas, paritorios, urgencias dispondrán de un alumbrado de reemplazamiento que proporcionará un nivel de iluminancia igual al del alumbrado normal durante 2 horas como mínimo.

Prescripciones de los aparatos para alumbrado de emergencia

Aparatos autónomos para alumbrado de emergencia

Luminaria que proporciona alumbrado de emergencia de tipo permanente o no permanente en la que todos los elementos, tales como la batería, la lámpara, el conjunto de mando y los dispositivos de verificación y control, si existen, están contenidos dentro de la luminaria o a una distancia inferior a 1 m de ella.

Los aparatos autónomos destinados a alumbrado de emergencia deberán cumplir las normas UNE-EN 60598 -2 -22 y la norma UNE 20392 y la norma UNE 20062, según sea la luminaria para lámparas fluorescentes o incandescentes, respectivamente.

Luminaria alimentada por fuente central

Luminaria que proporciona alumbrado de emergencia de tipo permanente o no permanente y que está alimentada a partir de un sistema de alimentación de emergencia central, es decir, no incorporado en la luminaria.

Las luminarias que actúan como aparatos de emergencia alimentados por fuente central deberán cumplir lo expuesto en la norma UNE-EN 60598 -2 -22.

Los distintos aparatos de control, mando y protección generales para las instalaciones del alumbrado de emergencia por fuente central entre los que figurará un voltímetro de clase 2,5 por lo menos, se dispondrán en un cuadro único, situado fuera de la posible intervención del público.

Las líneas que alimentan directamente los circuitos individuales de los alumbrados de emergencia alimentados por fuente central, estarán protegidas por interruptores automáticos con una intensidad nominal de 10 A como máximo. Una misma línea no podrá alimentar más de 12 puntos de luz o, si en la dependencia o local considerado existiesen varios puntos de luz para alumbrado de emergencia, éstos deberán ser repartidos, al menos, entre dos líneas diferentes, aunque su número sea inferior a doce. Las canalizaciones que alimenten los alumbrados de emergencia alimentados por fuente central se dispondrán, cuando se instalen sobre paredes o empotradas en ellas, a 5 cm. como mínimo, de otras canalizaciones eléctricas y, cuando se instalen en huecos de la construcción estarán separadas de éstas por tabiques incombustibles no metálicos.

4. PRESCRIPCIONES DE CARÁCTER GENERAL

Las instalaciones en los locales de pública concurrencia, cumplirán las condiciones de carácter general que a continuación se señalan.

   a. El cuadro general de distribución deberá colocarse en el punto más próximo posible a la entrada de la acometida o derivación individual y se colocará junto o sobre él, los dispositivos de mando y protección establecidos en la instrucción **ITC-BT-17**. Cuando no sea posible la instalación del cuadro general en este punto, se instalará en dicho punto un dispositivo de mando y protección.

Del citado cuadro general saldrán las líneas que alimentan directamente los aparatos receptores o bien las líneas generales de distribución a las que se conectarán mediante cajas o a través de cuadros secundarios de distribución los distintos circuitos alimentadores. Los aparatos receptores que consuman más de 16 amperios se alimentarán directamente desde el cuadro general o desde los secundarios.

b. El cuadro general de distribución e, igualmente, los cuadros secundarios, se instalarán en lugares a los que no tenga acceso el público y que estarán separados de los locales donde exista un peligro acusado de incendio o de pánico (cabinas de proyección, escenarios, salas de público, escaparates, etc.), por medio de elementos a prueba de incendios y puertas no propagadoras del fuego. Los contadores podrán instalarse en otro lugar, de acuerdo con la empresa distribuidora de energía eléctrica, y siempre antes del cuadro general.

c. En el cuadro general de distribución o en los secundarios se dispondrán dispositivos de mando y protección para cada una de las líneas generales de distribución y las de alimentación directa a receptores. Cerca de cada uno de los interruptores del cuadro se colocará una placa indicadora del circuito al que pertenecen.

d. En las instalaciones para alumbrado de locales o dependencias donde se reúna público, el número de líneas secundarias y su disposición en relación con el total de lámparas a alimentar deberá ser tal que el corte de corriente en una cualquiera de ellas no afecte a más de la tercera parte del total de lámparas instaladas en los locales o dependencias que se iluminan alimentadas por dichas líneas. Cada una de estas líneas estarán protegidas en su origen contra sobrecargas, cortocircuitos, y si procede contra contactos indirectos.

e. Las canalizaciones deben realizarse según lo dispuesto en las **ITC-BT-19** e **ITC-BT-20** y estarán constituidas por:

    •   Conductores aislados, de tensión asignada no inferior a 450/750 V, colocados bajo tubos o canales protectores, preferentemente empotrados en especial en las zonas accesibles al público.

    •   Conductores aislados, de tensión asignada no inferior a 450/750 V, con cubierta de protección, colocados en huecos de la construcción totalmente construidos en materiales incombustibles de resistencia al fuego RF-120, como mínimo.

    •   Conductores rígidos aislados, de tensión asignada no inferior a 0,611 kV, armados, colocados directamente sobre las paredes.

f. Los cables y sistemas de conducción de cables deben instalarse de manera que no se reduzcan las características de la estructura del edificio en la seguridad contra incendios.

Los cables eléctricos a utilizar en las instalaciones de tipo general y en el conexionado interior de cuadros eléctricos en este tipo de locales, serán no propagadores del incendio y con emisión de humos y opacidad reducida. Los cables con características equivalentes a las de la norma UNE 21123 parte 4 ó 5; o a la norma UNE 211002 (según la tensión asignada del cable), cumplen con esta prescripción.

Los elementos de conducción de cables con características equivalentes a los clasificados como "no propagadores de la llama" de acuerdo con las normas UNE-EN 50085 -1 y UNE-EN 50086 -1 cumplen con esta prescripción.

Los cables eléctricos destinados a circuitos de servicios de seguridad no autónomos o a circuitos de servicios con fuentes autónomas centralizadas, deben mantener el servicio durante y después del incendio, siendo conformes a las especificaciones de la norma une-en 50200 y tendrán emisión de humos y opacidad reducida. Los cables con características equivalentes a la norma UNE 21123 partes 4 ó 5, apartado 3.4.6, cumplen con la prescripción de emisión de humos y opacidad reducida.

g. Las fuentes propias de energía de corriente alterna a 50 Hz, no podrán dar tensión de retorno a la acometida o acometidas de la red de Baja Tensión pública que alimenten al local de pública concurrencia.

5. PRESCRIPCIONES COMPLEMENTARIAS PARA LOCALES DE ESPECTÁCULOS Y ACTIVIDADES RECREATIVAS

Además de las prescripciones generales señaladas en el capítulo anterior, se cumplirán en los locales de espectáculos las siguientes prescripciones complementarias.

a. A partir del cuadro general de distribución se instalarán líneas distribuidoras generales, accionadas por medio de interruptores omnipolares con la debida protección al menos, para cada uno de los siguientes grupos de dependencias o locales:

- Sala de público
- Vestíbulo, escaleras y pasillos de acceso a la sala desde la calle, y dependencias anexas a ellos.
- Escenario y dependencias anexas a él, tales como camerinos, pasillos de acceso a estos, almacenes, etc.
- Cabinas cinematográficas o de proyectores para alumbrado.

Cada uno de los grupos señalados dispondrá de su correspondiente cuadro secundario de distribución, que deberá contener todos los dispositivos de protección. En otros cuadros se ubicarán los interruptores, conmutadores, combinadores, etc. que sean precisos para las distintas líneas, baterías, combinaciones de luz y demás efectos obtenidos en escena.

b. En las cabinas cinematográficas y en los escenarios así como en los almacenes y talleres anexos a éstos, se utilizarán únicamente canalizaciones constituidas por conductores aislados, de tensión asignada no inferior a

450/75OV, colocados bajo tubos o canales protectores, preferentemente empotrados. Los dispositivos de protección contra sobreintensidades estarán constituidos siempre por interruptores automáticos magnetotérmicos; las canalizaciones móviles estarán constituidas por conductores con aislamiento del tipo doble o reforzado y los receptores portátiles tendrán un aislamiento de la clase II.

c. Los cuadros secundarios de distribución deberán estar colocados en locales independientes o en el interior de un recinto construido con material no combustible.

d. Será posible cortar, mediante interruptores omnipolares, cada una de las instalaciones eléctricas correspondientes a:

- Camerinos
- Almacenes
- Talleres
- Otros locales con peligro de incendio
- Los reóstatos, resistencias y receptores móviles del equipo escénico.

e. Las resistencias empleadas para efectos o juegos de luz o para otros usos, estarán montadas a suficiente distancia de los telones, bambalinas y demás material M decorado y protegidas suficientemente para que una anomalía en su funcionamiento no pueda producir daños. Estas precauciones se hacen extensivas a cuantos dispositivos eléctricos se utilicen y especialmente a las linternas de proyección y a las lámparas de arco de las mismas.

f. El alumbrado general deberá ser completado por un alumbrado de evacuación, conforme a las disposiciones del **apartado 3.1.1**, el cual funcionará permanentemente durante el espectáculo y hasta que el local sea evacuado por el público.

g. Se instalará iluminación de balizamiento en cada uno de los peldaños o rampas con una inclinación superior al 8% del local con la suficiente intensidad para que puedan iluminar la huella. En el caso de pilotos de balizado, se instalará a razón de 1 por cada metro lineal de la anchura o fracción.

h. La instalación de balizamiento debe estar construida de forma que el paso de alerta al de funcionamiento de emergencia se produzca cuando el valor de la tensión de alimentación descienda por debajo del 70% de su valor nominal.

6. PRESCRIPCIONES COMPLEMENTARIAS PARA LOCALES DE REUNIÓN Y TRABAJO

Además de las prescripciones generales señaladas en el **capítulo 5**, se cumplirán en los locales de reunión las siguientes prescripciones complementarias:

● A partir del cuadro general de distribución se instalarán líneas distribuidoras generales, accionadas por medio de interruptores omnipolares, al menos para cada uno de los siguientes grupos de dependencias o locales:

- Salas de venta o reunión, por planta del edificio
- Escaparates
- Almacenes
- Talleres
- Pasillos, escaleras y vestíbulos

PRESCRIPCIONES PARTICULARES PARA LAS INSTALACIONES ELÉCTRICAS DE LOS LOCALES CON RIESGO DE INCENDIO O EXPLOSIÓN.

Instrucción Técnica Complementaria para Baja Tensión: ITC-BT-29 Prescripciones particulares para las instalaciones eléctricas de los locales con riesgo de incendio o explosión. ITC-BT-29 del Reglamento electrotécnico para baja tensión aprobado por **REAL DECRETO 842/2002**, de 2 de agosto. BOE núm. 224 del miércoles 18 de septiembre.

1. CAMPO DE APLICACIÓN[1]

La presente Instrucción tiene por objeto especificar las reglas esenciales para el diseño, ejecución, explotación, mantenimiento y reparación de las instalaciones eléctricas en emplazamientos en los que existe riesgo de explosión o de incendio debido a la presencia de sustancias inflamables para que dichas instalaciones y sus equipos no puedan ser, dentro de límites razonables, la causa de inflamación de dichas sustancias.

Dentro del concepto de atmósferas potencialmente explosivas se consideran aquellos emplazamientos en los que se fabriquen, procesen, manipulen, traten, utilicen o almacenen sustancias sólidas, líquidas o gaseosas, susceptibles de inflamarse, deflagrar, o explosionar, siendo sostenida la reacción por el aporte de oxígeno procedente del aire ambiente en que se encuentran.

Debido a que son objeto de normativas específicas no se consideran incluidas en esta Instrucción las instalaciones eléctricas siguientes:

- Las instalaciones correspondientes a los equipos excluidos del campo de aplicación del **RD 400/1996**, de 1 de marzo, por el que se dictan las disposiciones de aplicación de la Directiva del Parlamento Europeo y del Consejo 94/9/CE, relativa a los aparatos y sistemas de protección para uso en atmósferas potencialmente explosivas.

- Cualquier otro entorno que disponga de una reglamentación particular.

En esta Instrucción sólo se consideran los riesgos asociados a la coexistencia en el espacio y tiempo de equipos e instalaciones eléctricas con atmósferas explosivas; para otras eventuales fuentes de ignición se aplicará lo dispuesto en las reglamentaciones pertinentes.

Las instalaciones y equipos eléctricos en emplazamientos en los que hay riesgo simultáneo por sustancias inflamables de tipo gaseoso y pulverulento cumplirán los requisitos particulares de cada caso.

Además de la situación anterior, así como en atmósferas enriquecidas en oxígeno, se pueden requerir medidas especiales en relación con lo aquí prescrito; estas medidas se justificarán en el Proyecto de la instalación.

2. TERMINOLOGÍA

A los efectos de la presente Instrucción se entenderá:

Modo de protección: Conjunto de medidas específicas aplicadas a un equipo eléctrico para impedir la inflamación de una atmósfera explosiva que lo circunde.

Envolvente antideflagrante "d": Modo de protección en el que las partes que pueden inflamar una atmósfera explosiva están situadas dentro de una envolvente que puede soportar los efectos de la presión derivada de una explosión interna de la mezcla y que impide la transmisión de la explosión a la atmósfera explosiva circundante. Las reglas de este modo de protección se definen en la Norma UNE-EN 50.018.

Inmersión en aceite "o": Modo de protección en el que el equipo eléctrico o partes de éste, se sumergen en un líquido de protección de modo que la atmósfera explosiva que pueda encontrarse sobre la superficie del líquido o en el entorno de la envolvente, no resulta inflamado. Las reglas de este modo de protección se definen en la norma UNE-EN 50.015.

Seguridad intrínseca "i": Modo de protección que aplicado a un circuito o a los circuitos de un equipo hace que cualquier chispa o cualquier efecto térmico producido en condiciones normalizadas, lo que incluye funcionamiento normal y funcionamiento en condiciones de fallo especificadas, no sea capaz de provocar la inflamación de una determinada atmósfera explosiva. Las reglas de este modo de protección se definen en la norma UNE-EN 50.020.

Sistema de seguridad intrínseca: Conjunto de materiales y equipos eléctricos interconectados entre sí, descritos en un documento, en el que los circuitos o partes de circuitos destinados a ser empleados en atmósferas con riesgo de explosión, son de seguridad intrínseca. Las reglas a que deben someterse estos sistemas se encuentran en la norma UNE-EN 50.039.

Categoría de aparatos: Clasificación de los equipos eléctricos o no eléctricos establecida por la Directiva 94/9/CE en función de la peligrosidad del emplazamiento en que se van a utilizar. Dentro del Grupo II[2] de aparatos se distinguen:

Categoría 1: Aparatos diseñados para que puedan funcionar dentro de los parámetros operativos determinados por el fabricante y asegurar un nivel de protección muy alto.

Categoría 2: Aparatos diseñados para poder funcionar en las condiciones prácticas fijadas por el fabricante y asegurar un alto nivel de protección.

Categoría 3: Aparatos diseñados para poder funcionar en las condiciones prácticas fijadas por el fabricante y asegurar un nivel normal de protección.

Declaración CE de conformidad: Documento emitido por el fabricante, o por su representante legal, por el que se afirma que un determinado aparato, sistema o componente cumple todas las prescripciones de la directiva o directivas aplicables.

3. FUNDAMENTOS PARA ALCANZAR LA SEGURIDAD

El procedimiento para alcanzar un nivel de seguridad aceptable se fundamenta en el empleo de equipamiento construido y seleccionado de acuerdo a ciertas reglas así como en la adopción de medidas de seguridad especiales de instalación, inspección, mantenimiento y reparación, en relación con la acotación del riesgo de presencia de atmósfera explosiva mediante una clasificación de los emplazamientos en los que se pueden producir atmósferas explosivas.

Según la clasificación en que se incluye el emplazamiento, es necesario recurrir a un tipo determinado de medidas constructivas de los equipos, de instalación, supervisión o intervención, como se detalla en la presente Instrucción y normas que en ella se citan. Adicionalmente, es preciso llevar a cabo la explotación, conservación y mantenimiento de la instalación y sus componentes, dentro de unos límites estrictos, para que las condiciones de seguridad no se vean comprometidas durante su vida útil.

4. CLASIFICACIÓN DE EMPLAZAMIENTOS

Para establecer los requisitos que han de satisfacer los distintos elementos constitutivos de la instalación eléctrica en emplazamientos con atmósferas potencialmente explosivas, estos emplazamientos se agrupan en dos clases según la naturaleza de la sustancia inflamable, denominadas como Clase I si el riesgo es debido a gases, vapores o nieblas y como Clase II si el riesgo es debido a polvo.

En las anteriores clases se establece una subdivisión en zonas según la probabilidad de presencia de la atmósfera potencialmente explosiva.

La clasificación de emplazamientos se llevará a cabo por un técnico competente que justificarán los criterios y procedimientos aplicados. Esta decisión tendrá preferencia sobre las interpretaciones literales o ejemplos que figuran en los textos y figuras de los documentos de referencia que se citan para establecer esta clasificación.

Clases de emplazamientos

Los emplazamientos se agrupan como sigue:

Clase I: Comprende los emplazamientos en los que hay o puede haber gases, vapores o nieblas en cantidad suficiente para producir atmósferas explosivas o inflamables; se incluyen en esta clase los lugares en los que hay o puede haber líquidos inflamables.

Clase II: Comprende los emplazamientos en los que hay o puede haber polvo inflamable

Zonas de emplazamientos Clase I

Se distinguen:

- Zona 0: Emplazamiento en el que la atmósfera explosiva constituida por una mezcla de aire de sustancias inflamables en forma de gas, vapor, o niebla, está presente de modo permanente, o por un espacio de tiempo prolongado, o frecuentemente.

- Zona 1: Emplazamiento en el que cabe contar, en condiciones normales de funcionamiento, con la formación ocasional de atmósfera explosiva constituida por una mezcla con aire de sustancias inflamables en forma de gas, vapor o niebla.

- Zona 2: Emplazamiento en el que no cabe contar, en condiciones normales de funcionamiento, con la formación de atmósfera explosiva constituida por una mezcla con aire de sustancias inflamables en forma de gas, vapor o niebla o, en la que, en caso de formarse, dicha atmósfera explosiva sólo subsiste por espacios de tiempo muy breves.

En la Norma UNE-EN 60079 -10 se recogen reglas precisas para establecer zonas en emplazamientos de Clase I.

Zonas de emplazamiento Clase II

Se distinguen:

- Zona 20: Emplazamiento en el que la atmósfera explosiva en forma de nube de polvo inflamable en el aire está presente de forma permanente, o por un espacio de tiempo prolongado, o frecuentemente.

Las capas en sí mismas no constituyen una zona 20. En general estas condiciones se dan en el interior de conducciones, recipientes, etc. Los emplazamientos en los que hay capas de polvo pero no hay nubes de forma continua o durante largos períodos de tiempo, no entran en este concepto.

- Zona 21: Emplazamientos en los que cabe contar con la formación ocasional, en condiciones normales de funcionamiento, de una atmósfera explosiva, en forma de nube de polvo inflamable en el aire.

Esta zona puede incluir entre otros, los emplazamientos en la inmediata vecindad de, por ejemplo, lugares de vaciado o llenado de polvo.

- Zona 22: Emplazamientos en el que no cabe contar, en condiciones normales de funcionamiento, con la formación de una atmósfera explosiva peligrosa en forma de nube de polvo inflamable en el aire o en la que, en caso de formarse dicha atmósfera explosiva, sólo subsiste por breve espacio de tiempo.

Esta zona puede incluir, entre otros, entornos próximos de sistemas conteniendo polvo de los que puede haber fugas y formar depósitos de polvo.

En la Norma CEI 61241 -3 se recogen reglas para establecer zonas en emplazamientos de Clase II

Ejemplos de emplazamientos peligrosos

A título orientativo, sin que esta lista sea exhaustiva, y salvo que el proyectista pueda justificar que no existe el correspondiente riesgo, son ejemplos de emplazamientos peligrosos:

De Clase I:

- Lugares donde se trasvasen líquidos volátiles inflamables de un recipiente a otro.
- Garajes y talleres de reparación de vehículos. Se excluyen los garajes de uso privado para estacionamiento de 5 vehículos o menos,
- Interior de cabinas de pintura donde se usen sistemas de pulverización y su entorno cercano cuando se utilicen disolventes.
- Secaderos de material con disolventes inflamables,

- Locales de extracción de grasas y aceites que utilicen disolventes inflamables.
- Locales con depósitos de líquidos inflamables abiertos o que se puedan abrir.
- Zonas de lavanderías y tintorerías en las que se empleen líquidos inflamables.
- Salas de gasógenos.
- Instalaciones donde se produzcan, manipulen, almacenen o consuman gases inflamables.
- Salas de bombas y/o de compresores de líquidos y gases inflamables.
- Interiores de refrigeradores y congeladores en los que se almacenen materias inflamables en recipientes abiertos, fácilmente perforables o con cierres poco consistentes.

De Clase II:

- Zonas de trabajo, manipulación y almacenamiento de la industria alimentaría que maneja granos y derivados.
- Zonas de trabajo y manipulación de industrias químicas y farmacéuticas en las que se produce polvo.
- Emplazamientos de pulverización de carbón y de su utilización subsiguiente.
- Plantas de coquización.
- Plantas de producción y manipulación de azufre.

- Zonas en las que se producen, procesan, manipulan o empaquetan polvos metálicos de materiales ligeros (Al, Mg, etc.)
- Almacenes y muelles de expedición donde los materiales pulverulentos se almacenan o manipulan en sacos y contenedores.
- Zonas de tratamiento de textiles como algodón, etc.
- Plantas de fabricación y procesado de fibras.
- Plantas desmotadoras de algodón.
- Plantas de procesado de lino.
- Talleres de confección.
- Industria de procesado de madera tales como carpinterías, etc.

5. REQUISITOS DE LOS EQUIPOS.

Los equipos eléctricos y los sistemas de protección y sus componentes destinados a su empleo en emplazamientos comprendidos en el ámbito de ésta Instrucción, deberán cumplir las condiciones que se establecen en el **RD 400/1996** de 1 de Marzo. Para aquellos elementos que no entran en el ámbito del mencionado **RD 400/1996** y para los que se estipule el cumplimiento de una norma, se considerarán conformes con las prescripciones de la presente Instrucción aquellos que estén amparados por las correspondientes certificaciones de conformidad otorgadas por Organismos de control autorizados según lo dispuesto en el **RD 2200/1995** de 28 de diciembre.

6. PRESCRIPCIONES GENERALES

En todo lo que aquí no se indique explícitamente son de aplicación, en lo que corresponda, las demás Instrucciones de este Reglamento; caso de conflicto predominará la interpretación correspondiente a esta Instrucción.

Condiciones generales

En la medida de lo posible, los equipos eléctricos se ubicarán en áreas no peligrosas. Si esto no es posible, la instalación se llevará a cabo donde exista menor riesgo.

Los equipos eléctricos se instalarán de acuerdo con las condiciones de su documentación particular, se pondrá especial cuidado en asegurar que las partes recambiables, tales como lámparas, sean del tipo y características asignadas correctas. Las inspecciones de las instalaciones objeto de esta Instrucción se realizarán según lo establecido en la norma UNE-EN 60079 -17.

En el caso de circunstancias excepcionales, como por ejemplo, ciertas tareas de reparación que precisan soldadura, trabajos de investigación y desarrollo (operación en plantas piloto, realización de trabajos experimentales etc.) no será necesario que se reúnan todos los requisitos de los **capítulos 6**, **7** y **8** siguientes, supuesto que la instalación va a estar en operación solo durante un periodo limitado, está bajo la supervisión de personal especialmente formado, y se reúnen las siguientes condiciones:

- Se han tomado medidas para prevenir la aparición de atmósferas explosivas peligrosas.

- Se han tomado medidas para asegurar que el equipo eléctrico se desconecta en caso de formación de una atmósfera peligrosa.
- Se han tomado medidas para asegurar que las personas no van a resultar dañadas por incendios o explosiones.

Y adicionalmente, estas medidas se han comunicado por escrito a personal que está familiarizado con los requisitos de esta Instrucción y con las normas que tratan de equipos e instalaciones en lugares con riesgo de explosión y tienen acceso a toda la información necesaria para llevar a cabo la actuación. Para llevar a cabo estas operaciones será necesaria la previa elaboración de un permiso especial de trabajo autorizado por el responsable de la planta o instalación.

Documentación

Para instalaciones nuevas o ampliaciones de las existentes, en el ámbito de aplicación de la presente ITC, se incluirá la siguiente información (según corresponda) en el proyecto de la instalación:

- Clasificación de emplazamientos y plano representativo.
- Adecuación de la categoría de los equipos a los diferentes emplazamientos y zonas.
- Instrucciones de implantación, instalación y conexión de los aparatos y equipos.
- Condiciones especiales de instalación y utilización.

El propietario deberá conservar:

- Copia del proyecto en su forma definitiva.
- Manual de instrucciones de los equipos.
- Declaraciones de Conformidad de los equipos.
- Documentos descriptivos del sistema para los de seguridad intrínseca.
- Todo documento que pueda ser relevante para las condiciones de seguridad.

Mantenimiento y reparación

Las instalaciones objeto de esta instrucción se someterán a un mantenimiento que garantice la conservación de las condiciones de seguridad. Como criterio al respecto, se seguirá lo establecido en la norma UNE-EN 60079 -17. La reparación de equipos y sistemas de protección deberán ser llevados a cabo de forma que no comprometa la seguridad. Como criterio técnico se seguirá lo establecido en la norma CEI 60079 -19.

7. EMPLAZAMIENTOS DE CLASE I

Generalidades

Estas instalaciones eléctricas se ejecutarán de acuerdo a lo especificado en la norma UNE-EN 60079 -14, salvo que se contradiga con lo indicado en la presente Instrucción, la cual prevalecerá sobre la norma. Selección de equipos eléctricos (excluidos cables y conductos). Para seleccionar un equipo eléctrico el procedimiento a seguir comprende las siguientes fases:

1. Caracterizar la sustancia o sustancias implicadas en el proceso.

2. Clasificar el emplazamiento en el que se va a instalar el equipo.

3. Seleccionar los equipos eléctricos de tal manera que la categoría esté de acuerdo a las limitaciones de la **tabla 1** y que éstos cumplan con los requisitos que les sea de aplicación, establecidos en la norma UNE-EN 60079 -14. si la temperatura ambiente prevista no está en el rango comprendido entre -20 ºC y + 40 ºC el equipo deberá estar marcado para trabajar en el rango de temperatura correspondiente.

4. Instalar el equipo de acuerdo con las instrucciones del fabricante.

Tabla 1. Categorías de equipos admisibles para atmósfera de gases y vapores.

Categoría del equipo	Zonas en que se admiten
Categoría 1	0, 1 y 2
Categoría 2	1 y2
Categoría 3	2

Reglas de instalación de equipos eléctricos.

La instalación de los equipos eléctricos se realizará de acuerdo a lo especificado en la norma UNE-EN 60079 -14.

Adicionalmente se tendrá en cuenta que la utilización de equipos con modo de protección por inmersión en aceite "o" queda restringida a equipos de instalación fija y que no tengan elementos generadores de arco en el seno del líquido de protección. Para la instalación de sistemas de seguridad intrínseca, se tendrá en cuenta también, lo indicado en la Norma UNE-EN 50039.

8. EMPLAZAMIENTOS DE CLASE II.

Generalidades.

Estas instalaciones se ejecutarán de acuerdo a lo especificado en la norma EN 50281 -1 -2 salvo que contradiga con lo indicado en la presente Instrucción, la cual prevalecerá sobre la norma.

Selección de equipos eléctricos (excluidos cables y conductos).

Para seleccionar un equipo eléctrico el procedimiento a seguir comprende las siguientes fases:

1. Caracterizar la sustancia o sustancias implicadas en el proceso.

2. Clasificar el emplazamiento en el que se va a instalar el equipo

3. Seleccionar los equipos eléctricos de tal manera que la categoría esté de acuerdo a las limitaciones de la **tabla 2** y que estos cumplan con los requisitos que les sea de aplicación, establecidos en la norma

4. Instalar el equipo de acuerdo con las instrucciones del fabricante.

Tabla 2. Categorías de equipos admisibles para atmósferas con polvo explosivo:

Categoría del equipo	Zonas en que se admiten
Categoría 1	20, 21 y 22
Categoría 2	21 y 22
Categoría 3	22

Reglas de instalación de equipos eléctricos

La instalación de los equipos eléctricos destinados a emplazamientos de clase II se hará de acuerdo con lo especificado en la norma.

Es necesario tener presente que si un equipo eléctrico dispone de un modo de protección para gases, no garantiza que su protección sea adecuada contra el riesgo de inflamación de polvo.

9. SISTEMAS DE CABLEADO

Generalidades

Para instalaciones de seguridad intrínseca, los sistemas de cableado cumplirán los requisitos de la norma UNE-EN 60079 -14 y de la norma UNE-EN 50039.

Los cables para el resto de las instalaciones tendrán una tensión mínima asignada de 450/750 V.

Las entradas de los cables y de los tubos a los aparatos eléctricos se realizarán de acuerdo con el modo de protección previsto. Los orificios de los equipos eléctricos para entradas de cables o tubos que no se utilicen deberán cerrarse mediante piezas acordes con el modo de protección de que vayan dotados dichos equipos.

Para las canalizaciones para equipos móviles se tendrá en cuenta lo establecido en la Instrucción **ITC-BT-21**.

La intensidad admisible en los conductores deberá disminuirse en un 15% respecto al valor correspondiente a una instalación convencional. Además todos los cables de longitud igual o superior a 5 m estarán protegidos contra sobrecargas y cortocircuitos; para la protección de sobrecargas se tendrá en cuenta la intensidad de carga resultante fijada en el párrafo anterior y para la protección de cortocircuitos se tendrá en cuenta el valor máximo para un defecto en el comienzo del cable y el valor mínimo correspondiente a un defecto bifásico y franco al final del cable. En el punto de transición de una canalización eléctrica de una zona a otra, o de un emplazamiento peligroso a otro no peligroso, se deberá impedir el paso de gases, vapores o líquidos inflamables. Eso puede precisar del sellado de zanjas, tubos, bandejas, etc., una ventilación adecuada o el relleno de zanjas con arena.

Requisitos de los cables

Los cables a emplear en los sistemas de cableado en los emplazamientos de clase I y clase II serán:

    a. En instalaciones fijas:

- Cables de tensión asignada mínima 450/750V, aislados con mezclas termoplásticas o termoestables; instalados bajo tubo (**según 9.3**) metálico rígido o flexible conforme a norma UNE-EN 50086 - 1.

- Cables construidos de modo que dispongan de una protección mecánica; se consideran como tales:
  - Los cables con aislamiento mineral y cubierta metálica, según UNE-EN 50086 parte 1.
  - Los cables armados con alambre de acero galvanizado y con cubierta externa no metálica, según la serie UNE 20432 -3.

Los cables a utilizar en las instalaciones fijas deben cumplir, respecto a la reacción al fuego, lo indicado en la norma Q

b. En alimentación de equipos portátiles o móviles. Se utilizaran cables con cubierta de policloropreno según UNE 21207 parte 4 o UNE 21150 que sean aptos para servicios móviles, de tensión asignada mínima 450/750V, flexibles y de sección mínima 1,5 mm^2. La utilización de estos cables flexibles se restringirá a lo estrictamente necesario y como máximo a una longitud de 30 m.

Requisitos de los conductos

Cuando el cableado de las instalaciones fijas se realice mediante tubo o canal protector, éstos serán conformes a las especificaciones dadas en las tablas siguientes:

Tabla 3. Características mínimas para tubos

Característica	Código	Grado
Resistencia a la compresión	4	Fuerte
Resistencia al impacto	4	Fuerte
Temperatura mínima de instalación y servicio	2	- 50 ºC
Temperatura máxima de instalación y servicio	1	+ 60 ºC
Resistencia al curvado	1-2	Rígido/curvable
Propiedades eléctricas	1-2	Continuidad eléctrica/aislante

Resistencia a la penetración de objetos sólidos	4	Contra objetos D ● 1 mm
Resistencia a la penetración del agua	2	Contra gotas de agua cayendo verticalmente cuando el sistema de tubos está inclinado 15°
Resistencia a la corrosión de tubos metálicos y compuestos	2	Protección interior y exterior media
Resistencia a la tracción	0	No declarada
Resistencia a la propagación de la llama	1	No propagador
Resistencia a las cargas suspendidas	0	No declarada

Tabla 4. Características mínimas para canales protectoras

Característica	Grado	
Dimensión de[lado mayor de la transversal	≤ 16 mm	> 16 mm
Resistencia al impacto la sección	Fuerte	Fuerte
Temperatura mínima de instalación y servicio	+ 15 °C	- 5 °C
Temperatura máxima de instalación y servicio	+ 60 °C	+ 60 °C
Propiedades eléctricas	Aislante	Continuidad eléctrica/aislante
Resistencia a la penetración de objetos sólidos	4	no inferior a 2

Resistencia a la penetración de agua	No	declarada
Resistencia a la propagación de la llama	No	propagador

Esto no es aplicable en el caso de canalizaciones bajo tubo que se conecten a aparatos eléctricos con modo de protección antideflagrante provistos de cortafuegos, en donde el tubo resistirá una presión interna mínima de 3 MPa durante 1 minuto y será, o bien de acero sin soldadura, galvanizado interior y exteriormente, conforme a la norma UNE 36582 o bien conforme a la norma UNE-EN 50086 con el grado de resistencia de la tabla siguiente:

Tabla 5. Características mínimas para tubos que se conectan a aparatos eléctricos con modo de protección antideflagrante provistos de cortafuegos

Característica	Código	Grado
Resistencia a la compresión	5	Muy Fuerte
Resistencia al impacto	5	Muy Fuerte
Temperatura mínima de instalación y servicio	3	- 15 ºC
Temperatura máxima de instalación y servicio	2	+ 90 ºC
Resistencia al curvado	1	Rígido
Propiedades eléctricas	1	Continuidad eléctrica
Resistencia a la penetración de objetos sólidos	5	Contra el polvo

Resistencia a la penetración del agua	2	Contra gotas de agua cayendo verticalmente cuando el sistema de tubos está inclinado 15º
Resistencia a la corrosión de tubos metálicos y compuestos	4	Protección interior y exterior elevada
Resistencia a la tracción	2	Ligera
Resistencia a la propagación de la llama	1	No propagador
Resistencia a las cargas suspendidas	2	Ligero

Cuando por exigencias de la instalación, se precisen tubos flexibles (p.ej.: por existir vibraciones en la conexión del cableado bajo tubo), estos serán metálicos corrugados de material resistente a la oxidación y características semejantes a los rígidos. Los tubos con conductividad eléctrica deben conectarse a la red de tierra, su continuidad eléctrica quedará convenientemente asegurada. En el caso de utilizar tubos metálicos flexibles, es necesario que la distancia entre dos puesta a tierra consecutivas de los tubos no exceda de 10 metros.

[1] *El alcance de esta Instrucción, en el marco del Reglamento Electrotécnico para Baja Tensión, se limita a los equipos e instalaciones eléctricas de baja tensión, en atmósferas potencialmente explosivas. Se llama la atención sobre el hecho de que el **R.D. 400/1996**, por el que se dictan las disposiciones de aplicación de la **Directiva 94/9/CE**, sobre aparatos y sistemas de protección para uso en atmósferas potencialmente explosivas, afecta a todo tipo de instalaciones en*

atmósferas potencialmente explosivas, incluyendo aquellas manifestaciones energéticas de origen no eléctrico.

[2] *No se consideran las categorías del Grupo I por pertenecer a un entorno reglamentario-minas distinto a este.*

INSTALACIONES EN LOCALES DE CARACTERÍSTICAS ESPECIALES

Instrucción Técnica Complementaria para Baja Tensión: ITC-BT-30 Instalaciones en locales de características especiales.

ITC-BT-30 del Reglamento electrotécnico para baja tensión aprobado por **REAL DECRETO 842/2002**, de 2 de agosto. BOE núm. 224 del miércoles 18 de septiembre.

Campos de aplicación:

1. INSTALACIONES EN LOCALES HÚMEDOS

Locales o emplazamientos húmedos son aquellos cuyas condiciones ambientales se manifiestan momentánea o permanentemente bajo la forma de condensación en el techo y paredes, manchas salinas o moho aun cuando no aparezcan gotas, ni el techo o paredes estén impregnados de agua.

En estos locales o emplazamientos el material eléctrico cuando no se utilice muy bajas tensiones de seguridad, cumplirá con las siguientes condiciones:

1. Canalizaciones eléctricas

Las canalizaciones serán estancas, utilizándose, para terminales, empalmes y conexiones de las mismas, sistemas o dispositivos que presenten el grado de protección correspondiente a la caída vertical de gotas de agua (IPX1). Este requisito lo deberán cumplir las canalizaciones prefabricadas.

1. *Instalación de conductores y cables aislados en el interior de tubos*

Los conductores tendrán una tensión asignada de 450/750V y discurrirán por el interior de tubos:

- Empotrados: según lo especificado en la Instrucción **ITC-BT-21**.
- En superficie: según lo especificado en la **ITC-BT-21**, pero que dispondrán de un grado de resistencia a la corrosión 3.

2. *Instalación de cables aislados con cubierta en el interior de canales aislantes*

Se instalarán en superficie y las conexiones, empalmes y derivaciones se realizarán en el interior de cajas.

3. *Instalación de cables aislados y armados con alambres galvanizados sin tubo protector*

Los conductores tendrán una tensión asignada de 0,6/1 kV y discurrirán por:

- En el interior de huecos de la construcción
- Fijados en superficie mediante dispositivos hidrófugos y aislantes.

2. *Aparamenta*

Las cajas de conexión, interruptores, tomas de corriente y, en general, toda la aparamenta utilizada, deberá presentar el grado de protección correspondiente a la caída vertical de gotas de agua, IPX1. Sus cubiertas y las partes accesibles de los órganos de accionamiento no serán metálicos.

3. *Receptores de alumbrado y aparatos portátiles de alumbrado*

Los receptores de alumbrado estarán protegidos contra la caída vertical de agua, IPX1 y no serán de clase 0.

Los aparatos de alumbrado portátiles serán de la Clase II, según la Instrucción **ITC-BT-43**.

2. *INSTALACIONES EN LOCALES MOJADOS*

Locales o emplazamientos mojados son aquellos en que los suelos, techos y paredes estén o puedan estar impregnados de humedad y donde se vean aparecer, aunque sólo sea temporalmente, lodo o gotas gruesas de agua debido a la condensación o bien estar cubiertos con vaho durante largos períodos. Se considerarán como locales o emplazamientos mojados los lavaderos públicos, las fábricas de apresto, tintorerías, etc., así como las instalaciones a la intemperie.

En estos locales o emplazamientos se cumplirán, además de las condiciones para locales húmedos del **apartado 1**, las siguientes:

1. *Canalizaciones*

Las canalizaciones serán estancas, utilizándose para terminales, empalmes y conexiones de las mismas, sistemas y dispositivos que presenten el grado de protección correspondiente a las proyecciones de agua, IPX4. Las canalizaciones prefabricadas tendrán el mismo grado de protección IPX4.

1. *Instalación de conductores y cables aislados en el interior de tubos*

Los conductores tendrán uno tensión asignada de 450/750 V y discurrirán por el interior de tubos:

- Empotrados: según lo especificado en la **ITC-BT-21**.

- En superficie según lo especificado en la **ITC-BT-21** pero que dispondrán de un grado de resistencia a la corrosión 4.

2. *Instalación de cables aislados con cubierta en el interior de canales aislantes*

Los conductores tendrán una tensión asignada de 450/750 V y discurrirán por el interior de canales que se instalarán en superficie y las conexiones, empalmes y derivaciones se realizarán en el interior de cajas.

2. *Aparamenta*

Se instalarán los aparatos de mando y protección y tomas de corriente fuera de estos locales. Cuando esto no se pueda cumplir los citados aparatos serán, del tipo protegido contra las proyecciones de agua, IPX4, o bien se instalarán en el interior de cajas que les proporcionen un grado de protección equivalente.

3. *Dispositivos de protección*

De acuerdo con lo establecido en la **ITC-BT-22**, se instalará, en cualquier caso, un dispositivo de protección en el origen de cada circuito derivado de otro que penetre en el local mojado.

4. *Aparatos móviles o portátiles*

Queda prohibido en estos locales la utilización de aparatos móviles o portátiles, excepto cuando se utilice como sistema de protección la separación de circuitos o el empleo de muy bajas tensiones de seguridad, MBTS según la Instrucción **ITC-BT-36**.

5. *Receptores de alumbrado*

Los receptores de alumbrado estarán protegidos contra las proyecciones de agua, IPX4. No serán de clase 0.

3. *INSTALACIONES EN LOCALES CON RIESGO DE CORROSIÓN*

Locales o emplazamientos con riesgo de corrosión son aquellos en los que existan gases o vapores que puedan atacar a los materiales eléctricos utilizados en la instalación.

Se considerarán como locales con riesgo de corrosión: las fábricas de productos químicos, depósitos de estos, etc.

En estos locales o emplazamientos se cumplirán las prescripciones señaladas para las instalaciones en locales mojados, debiendo protegerse además, la parte exterior de los aparatos y canalizaciones con un revestimiento inalterable a la acción de dichos gases o vapores.

4. *INSTALACIONES EN LOCALES POLVORIENTOS SIN RIESGO DE INCENDIO 0 EXPLOSIÓN*

Los locales o emplazamientos polvorientos son aquellos en que los equipos eléctricos están expuestos al contacto con el polvo en cantidad suficiente como para producir su deterioro o un defecto de aislamiento.

En estos locales o emplazamientos se cumplirán las siguientes condiciones:

- Las canalizaciones eléctricas prefabricadas o no, tendrán un grado de protección mínimo IP5X (considerando la envolvente como categoría 1 según la norma UNE 20324), salvo que las características del oca exijan uno más elevado.

- Los equipos o aparamenta utilizados tendrán un grado de protección mínimo IP5X (considerando la envolvente como categoría 1 según la norma UNE 20.324) o estará en el interior de una envolvente que proporcione el mismo grado de protección IP 5X, salvo que las características del local exijan uno más elevado.

5. INSTALACIONES EN LOCALES A TEMPERATURA ELEVADA

Locales o emplazamientos a temperatura elevada son aquellos donde la temperatura del aire ambiente es susceptible de sobrepasar frecuentemente los 40 ºC, o bien se mantiene permanentemente por encima de los 35 ºC.

En estos locales o emplazamientos se cumplirán las siguientes condiciones:

- Los cables aislados con materias plásticas o elastómeras podrán utilizarse para una temperatura ambiente de hasta 50 "C aplicando el factor de reducción, para los valores de la intensidad máxima admisible, señalados en la norma UNE 20460 -5 -523.

Para temperaturas ambientes superiores a 50 ºC se utilizarán cables especiales con un aislamiento que presente una mayor estabilidad térmica.

- En estos locales son admisibles las canalizaciones con conductores desnudos sobre soportes aislantes. Los soportes estarán construidos con un material cuyas propiedades y estabilidad queden garantizadas a la temperatura de utilización.
- Los aparatos utilizados deberán poder soportar los esfuerzos resultantes a que se verán sometidos debido a

74

las condiciones ambientales. Su temperatura de funcionamiento a plena carga no deberá sobrepasar el valor máximo fijado en la especificación del material.

6. INSTALACIONES EN LOCALES A MUY BAJA TEMPERATURA

Locales o emplazamientos a muy baja temperatura son aquellos donde pueden presentarse y mantenerse temperaturas ambientales inferiores a - 20 ºC.

Se considerarán como locales a temperatura muy baja las cámaras de congelación de las plantas frigoríficas.

En estos locales o emplazamientos se cumplirán las siguientes condiciones:

- El aislamiento y demás elementos de protección del material eléctrico utilizado, deberá ser tal que no sufra deterioro alguno a la temperatura de utilización.

- Los aparatos eléctricos deberán poder soportar los esfuerzos resultantes a que se verán sometidos debido a las condiciones ambientales.

7. INSTALACIONES EN LOCALES EN QUE EXISTAN BATERÍAS DE ACUMULADORES

Los locales en que deban disponerse baterías de acumuladores con posibilidad de desprendimiento de gases, se considerarán como locales o emplazamientos con riesgo de corrosión debiendo cumplir, además de las prescripciones señaladas para estos locales, las siguientes:

- El equipo eléctrico utilizado estará protegido contra los efectos de vapores y gases desprendidos por el electrolito.

- Los locales deberán estar provistos de una ventilación natural o forzada que garantice una renovación perfecta y rápida del aire. Los vapores evacuados no deben penetrar en locales contiguos.

- La iluminación artificial se realizará únicamente mediante lámparas eléctricas de incandescencia o de descarga.

- Las luminarias serán de material apropiado para soportar el ambiente corrosivo y evitar la penetración de gases en su interior.

- Los acumuladores que no aseguren por sí mismos y permanentemente un aislamiento suficiente entre partes en tensión y tierra, deberán ser instalados con un aislamiento suplementario. Este aislamiento no podrá ser afectado por la humedad.

- Los acumuladores estarán dispuestos de manera que pueda realizarse fácilmente la sustitución y el mantenimiento de cada elemento. Los pasillos de servicio tendrán una anchura mínima de 0,75 metros.

- Si la tensión de servicio en corriente continua es superior a 75 voltios con relación a tierra y existen partes desnudas bajo tensión que puedan tocarse inadvertidamente, el suelo de los pasillos de servicio será eléctricamente aislante.

- Las piezas desnudas bajo tensión, cuando entre éstas existan tensiones superiores a 75 voltios en corriente continua, deberán instalarse de manera que sea imposible tocarlas simultánea e inadvertidamente.

8. INSTALACIONES EN LOCALES AFECTOS A UN SERVICIO ELÉCTRICO

Locales o emplazamientos afectos a un servicio eléctrico son aquellos que se destinan a la explotación de instalaciones eléctricas y, en general, sólo tienen acceso a las mismas personas cualificadas para ello. Se considerarán como locales o emplazamientos afectos a un servicio eléctrico: los laboratorios de ensayos, las salas de mando y distribución instaladas en locales independientes de las salas de máquinas de centrales, centros de transformación, etc.

En estos locales se cumplirán las siguientes condiciones:

- Estarán obligatoriamente cerrados con llave cuando no haya en ellos personal de servicio.

- El acceso a estos locales deberá tener al menos una altura libre de 2 metros y una anchura mínima de 0,7 metros. Las puertas se abrirán hacia el exterior.

- Si la instalación contiene instrumentos de medida que deban ser observados o aparatos que haya que manipular constante o habitualmente, tendrá un pasillo de servicio de una anchura mínima de 1,10 metros, No obstante, ciertas partes del local o de la instalación que no estén bajo tensión podrán sobresalir en el pasillo de servicio, siempre que su anchura no quede reducida en esos lugares a menos de 0,80 metros. Cuando existan a los lados del pasillo de servicio piezas desnudas bajo tensión, no protegidas, aparatos a manipular o instrumentos a observar, la distancia entre equipos eléctricos instalados enfrente unos de otros, será como mínimo de 1,30 metros.

- El pasillo de servicio tendrá una altura de 1,90 metros, como mínimo. Si existen en su parte superior piezas no protegidas bajo tensión, la altura libre hasta esas piezas no será inferior a 2,30 metros.

- Sólo se permitirá colocar en el pasillo de servicio los objetos necesarios para el empleo de aparatos instalados.

- Los locales que tengan personal de servicio permanente, estarán dotados de un alumbrado de seguridad.

- Los locales que estén bajo rasante deberán disponer de un sumidero,

9. *INSTALACIONES EN OTROS LOCALES DE CARACTERÍSTICAS ESPECIALES*

Cuando en los locales o emplazamientos donde se tengan que establecer instalaciones eléctricas concurran circunstancias especiales no especificadas en estas Instrucciones y que puedan originar peligro para las personas o cosas, se tendrá en cuenta lo siguiente:

- Los equipos eléctricos deberán seleccionarse e instalarse en función de las influencias externas definidas en la Norma UNE 20460 -3, a las que dichos materiales pueden estar sometidos de forma que garanticen su funcionamiento y la fiabilidad de las medidas de protección

- Cuando un equipo no posea por su construcción, las características correspondientes a las influencias externas del local (o las derivadas de su ubicación), podrá utilizarse a condición de que se le proporcione, durante la realización de la instalación, una protección complementaria adecuada. Esta protección no deberá perjudicar las condiciones de funcionamiento del material así protegido.

- Cuando se produzcan simultáneamente diferentes influencias externas, sus efectos podrá ser independientes o influirse mutuamente, y los grados de protección deberán seleccionarse en consecuencia.

1. Clasificación de las influencias externas

La norma UNE 20460 -3 establece una clasificación y una codificación de las influencias que deben ser tenidas en cuenta para el proyecto y la ejecución de las instalaciones eléctricas.

Esta codificación no está prevista para su utilización el marcado de los equipos.

INSTALACIONES CON FINES ESPECIALES

A. Instrucción Técnica Complementaria para Baja Tensión: ITC-BT-31 Instalaciones confines especiales. Piscinas y fuentes

ITC-BT-31 del Reglamento electrotécnico para baja tensión aprobado por **REAL DECRETO 842/2002**, de 2 de agosto. BOE núm. 224 del miércoles 18 de septiembre.

1. CAMPO DE APLICACIÓN

Esta ITC trata de las prescripciones de las instalaciones eléctricas de las piscinas, pediluvios y fuentes ornamentales.

2. PISCINAS Y PEDILUVIOS

1. *Clasificación de los volúmenes*

Se definen los volúmenes sobre los cuales se indican las medidas de protección que se enumeran en los apartados siguientes, como:

- ○ ZONA 0: Esta zona comprende el interior de los recipientes, incluyendo cualquier canal en las paredes o suelos, y los pediluvios o el interior de los inyectores de agua o cascadas.

- ○ ZONA 1: Esta zona está limitada por:
  - Zona 0;
  - un plano vertical a 2 m del borde del recipiente;
  - el suelo o la superficie susceptible de ser ocupada por personas;
  - el plano horizontal a 2,5 m por encima del suelo o la superficie

Cuando la piscina contiene trampolines, bloques de salida de competición, toboganes u otros componentes susceptibles de ser ocupados por personas, la zona 1 comprende la zona limitada por:

- un plano vertical situado a 1,5 m alrededor de los trampolines, bloques de salida de competición, toboganes y otros componentes tales como esculturas, recipientes decorativos
- el plano horizontal situado 2,5 m por encima de la superficie más alta destinada a ser ocupada por personas.

- ○ ZONA 2: Esta zona está limitada por:

- el plano vertical externo a la Zona 1 y el plano paralelo a 1,5 m del anterior;
- el suelo o superficie destinada a ser ocupada por personas y el plano horizontal situado a 2,5 m por encima del suelo o superficie

No existe Zona 2 para fuentes. Ejemplos de estos volúmenes se indican en las **figuras 1**, **2**, **3**, **4** y **5**.

En las **figuras 3** y **4** se presentan dos ejemplos de cómo los paramentos o muros aislantes modifican los volúmenes definidos en las **figuras 1** y **2**.

Los cuartos de máquinas, definidos como aquellos locales que tengan como mínimo un equipo eléctrico para el uso de la piscina, podrán estar ubicados en cualquier lugar, siempre y cuando sean inaccesibles para todas las personas no autorizadas.

Dichos locales cumplirán lo indicado en la **ITC-BT-30** para locales húmedos o mojados, según corresponda.

2. Prescripciones generales

Los equipos eléctricos (incluyendo canalizaciones, empalmes, conexiones, etc.) presentarán el grado de protección siguiente, de acuerdo con la UNE 20324.

- Zona 0:
  - IP X8
- Zona 1:
  - IP X5
  - IP X4, para piscinas en el interior de edificios que normalmente no se limpian con chorros de agua

- Zona 2:
  - IP X2, para ubicaciones interiores
  - IP X4, para ubicaciones en el exterior
  - IP X5, en aquellas localizaciones que puedan ser alcanzadas por los chorros de agua durante las operaciones de limpieza

Cuando se usa MBTS, cualquiera que sea su tensión asignada, la protección contra los contactos directos debe proporcionarse mediante:

- Barreras o cubiertas que proporcionen un grado de protección mínimo IP 2X o IP XXB, según UNE 20324, o
- Un aislamiento capaz de soportar una tensión de ensayo de 500 V en corriente alterna, durante 1 minuto

Las medidas de protección contra los contactos directos por medio de obstáculos o por puesta fuera de alcance por alejamiento, no son admisibles. No se admitirán las medidas de protección contra contactos indirectos mediante locales no conductores ni por conexiones equipotenciales no conectadas a tierra. Todos los elementos conductores de los volúmenes 0, 1 y 2 y los conductores de protección de todos los equipos con partes conductoras accesibles situados en estos volúmenes, deben conectarse a una conexión equipotencial suplementaria local. Las partes conductoras incluyen los suelos no aislados.

Con la excepción de las fuentes mencionadas en el capítulo siguiente, en las Zonas 0 y 1, solo se admite protección mediante

MBTS a tensiones asignadas no superiores a 12 V en corriente alterna o 30 V en corriente continua. La fuente de alimentación de seguridad se instalará fuera de las zonas 0, 1 y 2.

En la Zona 2 y los equipos para uso en el interior de recipientes que solo estén destinados a funcionar cuando las personas están fuera de la Zona 0, deben alimentarse por circuitos protegidos:

- Bien por MBTS, con la fuente de alimentación de seguridad instalada fuera de las Zonas 0, 1 y 2.
- Bien por desconexión automática de la alimentación, mediante un interruptor diferencial de corriente máxima 30 mA, o
- Por separación eléctrica cuya fuente de separación alimente un único elemento del equipo y que esté instalada fuera de la Zona 0, 1 y 2.

Las tomas de corriente de los circuitos que alimentan los equipos para uso en el interior de recipientes que solo estén destinados a funcionar cuando las personas están fuera de la Zona 0, así como el dispositivo de control de dichos equipos deben incorporar una señal de advertencia al usuario de que dicho equipo solo debe usarse cuando la piscina no está ocupada por personas.

2. *Canalizaciones*

En el volumen 0 ninguna canalización se encontrará en el interior de la piscina al alcance de los bañistas. No se instalarán líneas aéreas por encima de los volúmenes 0, 1 y 2 ó de cualquier estructura comprendida dentro de dichos volúmenes.

En los volúmenes 0, 1 y 2, las canalizaciones no tendrán cubiertas metálicas accesibles. Las cubiertas metálicas no accesibles estarán unidas a una línea equipotencial suplementaria.

Los cables y su instalación en los volúmenes 0, 1, y 2 serán de las características indicadas en la **ITC-BT-30**, para los locales mojados.

3. *Cajas de conexión*

En los volúmenes 0 y 1 no se admitirán cajas de conexión, salvo que en el volumen 1 se admitirán cajas para muy baja tensión de seguridad (MBTS) que deberán poseer un grado de protección IP X5 y ser de material aislante. Para su apertura será necesario el empleo de un útil o herramienta; su unión con los tubos de las canalizaciones debe conservar el grado de protección IP X5.

4. *Luminarias*

Las luminarias para uso en el agua o en contacto con el agua deben cumplir con la norma UNE-EN 60958 -2 -18.

Las luminarias colocadas bajo el agua en hornacinas o huecos detrás de una mirilla estanca y cuyo acceso solo sea posible por detrás deberán cumplir con la parte correspondiente de norma UNE-EN 60598 y se instalarán de manera que no pueda haber ningún contacto intencionado o no entre partes conductoras accesibles de la mirilla y partes metálicas de la luminaria, incluyendo su fijación.

5. *Aparamenta y otros equipos*

Elementos tales como interruptores, programadores, y bases de toma de corriente no deben instalarse en los volúmenes 0 y 1.

No obstante, para las piscinas pequeñas, en las que la instalación de bases de toma de corriente fuera del volumen 1 no sea posible, se admitirán bases de toma de corriente, preferentemente no metálicas, si se instalan fuera del alcance de la mano (al menos 1,25 m) a partir del límite del volumen 0 y al menos 0,3 metros por encima del suelo, estando protegidas, además por una de las medidas siguientes:

- protegidas por MBTS, de tensión nominal no superior a 25 V en corriente alterna o 60 V en corriente continua, estando instalada la fuente de seguridad fuera de los volúmenes 0 y 1;

- protegidas por corte automático de la alimentación mediante un dispositivo de protección por corte diferencial-residual de corriente nominal como máximo igual a 30 mA,

- alimentación individual por separación eléctrica, estando la fuente de separación fuera de los volúmenes 0 y 1.

En el volumen 2 se podrán instalar base de toma de corriente e interruptores siempre que estén protegidos por una de las siguientes medidas:

- MBTS, con la fuente de seguridad instalada fuera de los volúmenes 0, 1 y 2 protegidas por corte automático de la alimentación mediante un dispositivo de protección por corte diferencial-residual de corriente nominal como máximo igual a 30 mA,

- alimentación individual por separación eléctrica, estando la fuente de separación fuera de los volúmenes 0, 1 y 2.

En los volúmenes 0 y 1 solo se podrán instalar equipos de uso específico en piscinas, si cumplen las prescripciones del capítulo 3 siguiente.

Los equipos destinados a utilizarse únicamente cuando las personas están fuera del volumen 0 se podrán colocar en cualquier volumen si se alimentan por circuitos protegidos por una de las siguientes formas:

- bien por MBTS, con la fuente de alimentación de seguridad instalada fuera de las Zonas 0,1 y 2, o
- bien por desconexión automática de la alimentación, mediante un interruptor diferencial de corriente máxima 30 mA, o
- por separación eléctrica cuya fuente de separación alimente un único elemento del equipo y que esté instalada fuera de la Zona 0, 1 y 2.

Las bombas eléctricas deberán cumplir lo indicado en UNE-EN 60335 -2-41.

Los eventuales elementos calefactores eléctricos instalados debajo del suelo de la piscina se admiten si cumplen una de las siguientes condiciones:

- estén protegidos por MBTS, estando la fuente de seguridad instalada fuera de los volúmenes 0, 1 y 2, o

- están blindados por una malla o cubierta metálica puesta a tierra o unida a la línea equipotencial suplementaria mencionada en el **apartado 2.2.1** y que sus circuitos de alimentación estén protegidos por un dispositivo de corriente diferencia-residual de corriente nominal como máximo de 30 mA.

3. FUENTES

En las fuentes se diferencian sólo dos volúmenes 0 y 1 tal como se describe en la **figura 5**.

1. Requisitos del volumen 0 y 1 de las fuentes

Se deberán emplear una de las siguientes medidas de protección:

- Protección mediante (MBTS) muy baja tensión de seguridad hasta un valor de 12V en corriente alterna ó 30V en corriente continua. La protección contra el contacto directo debe estar asegurada.

- Corte automático mediante dispositivo de protección por corriente diferencial-residual asignada no superior a 30 mA.

- Separación eléctrica mediante fuente situada fuera del volumen 0.

Para poder cumplir las medidas de protección anteriores, se requiere además que:

- El equipo eléctrico sea inaccesible, por ejemplo, por rejillas que sólo puedan retirarse mediante herramientas apropiadas.

- Se utilicen sólo equipos de clase I ó III o especialmente diseñados para fuentes.

- Las luminarias cumplan lo indicado en la norma UNE-EN 60598 -2 -18.

- Las bases de enchufe no están permitidas en estos volúmenes.

- Las bombas eléctricas cumplan lo indicado en la norma UNE-EN 60335 -2 -41.

2. *Conexión equipotencial suplementaria*

En los volúmenes 0 y 1 debe instalarse una conexión equipotencial suplementaria local. Todas las partes conductoras accesibles de tamaño apreciable, por ejemplo: surtidores, elementos metálicos y sistemas de tuberías metálicas deberán estar interconectadas conductivamente por un conductor de conexión equipotencial.

3. *Protección contra la penetración del agua en los equipos eléctricos*

Los equipos eléctricos deberán tener un grado de protección mínimo contra la penetración del agua, según:

- Volumen 0 IPX8
- Volumen 1 IPX5

4. *Canalizaciones*

Los cables resistirán permanentemente los efectos ambientales en el lugar de la instalación

En los volúmenes 0 y 1 sólo se permiten aquellos cables necesarios para alimentar al equipo receptor permanentemente instalado en estas zonas.

Los cables para el equipo eléctrico en el volumen 0 deben instalarse lo más lejos posible del borde de la pileta.

En los volúmenes 0 y 1 los cables y su instalación serán de las características indicadas en la **ITC-BT-30**, para locales mojados y los cables deberán colocarse mecánicamente protegidos en el interior de canalizaciones que cumplan la resistencia al impacto, código 5, según UNE-EN 50086 -1.

4. *PRESCRIPCIONES PARTICULARES DE EQUIPOS ELÉCTRICOS DE BAJA TENSIÓN INSTALADOS EN EL VOLUMEN 1 DE LAS PISCINAS Y OTROS BAÑOS*

Los equipos eléctricos fijos especialmente destinados a ser utilizados en las piscinas y otros baños (por ejemplo equipo de filtrado, contracorrientes, etc.) alimentados en baja tensión, que no sea MBTS, limitada a 12 V en corriente alterna ó 30 V en corriente continua, se admiten en el volumen 1, siempre que cumplan los siguientes requisitos:

a. Los equipos eléctricos deberán estar situados en un recinto cuyo aislamiento sea equivalente a un aislamiento suplementario y con una protección mecánica AG2 (choques medios), según UNE 20460 -3.

b. Los equipos eléctricos no deben ser accesibles más que por un registro (o puerta), por medio de una llave o un útil. La apertura del registro (o de la puerta) debe cortar todos los conductores activos de los equipos. La instalación del dispositivo de seccionamiento y la entrada del cable debe ser de clase II o tener una protección equivalente.

c. Cuando el registro (o puerta) esté abierta, el grado de protección para los equipos eléctricos debe ser al menos IPXXB según UNE 20324.

d. La alimentación de estos equipos estará protegida:

- Bien por MBTS con una tensión asignada no superior a 25 V en corriente alterna ó 60 V en corriente continua, siempre que la fuente de alimentación de seguridad esté situada fuera de los volúmenes 0, 1 y 2, o

- Bien por un dispositivo de corte diferencial como máximo de 30 mA, o

- Por separación eléctrica, cuya fuente de separación esté instalada fuera de los volúmenes 0, 1 y 2.

Para las piscinas pequeñas donde no es posible instalar luminarias fuera del volumen 1, su instalación se admite a 1,25 m a partir del borde del volumen 0 y estarán protegidas:

- Bien por MBTS, o

- Bien por un dispositivo de corte diferencial como máximo de 30 mA, o

- Bien por separación eléctrica, cuya fuente de separación esté instalada fuera de los volúmenes 0 y 1.

Además las luminarias deben poseer una envolvente con un aislamiento de clase II o similar y protección a los choques AG2 (choques medios) según UNE 20460 -3.

Figura 1. Dimensiones de los volúmenes para depósitos de piscinas y pediluvios

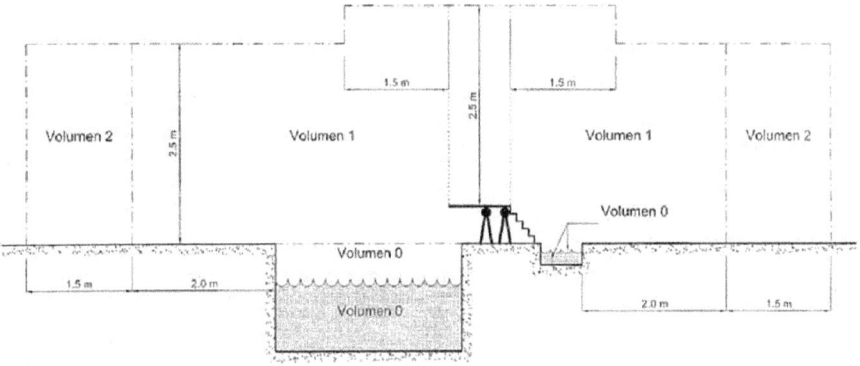

Figura 2. Dimensiones de los volúmenes para depósitos por encima del suelo

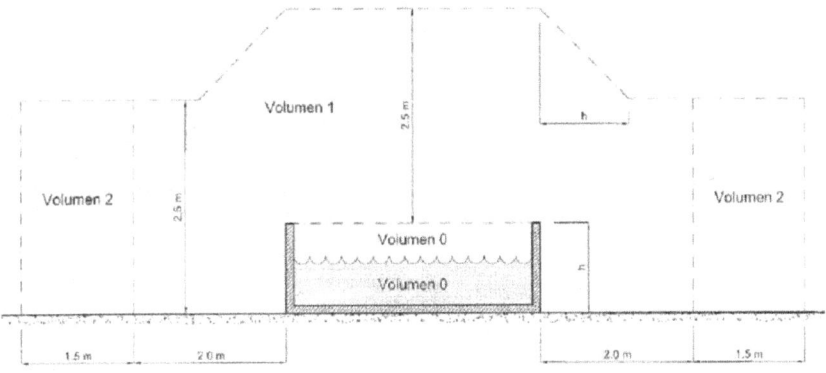

Figura 3. Dimensiones de protección en piscinas con paredes de altura mínima 2,5 m

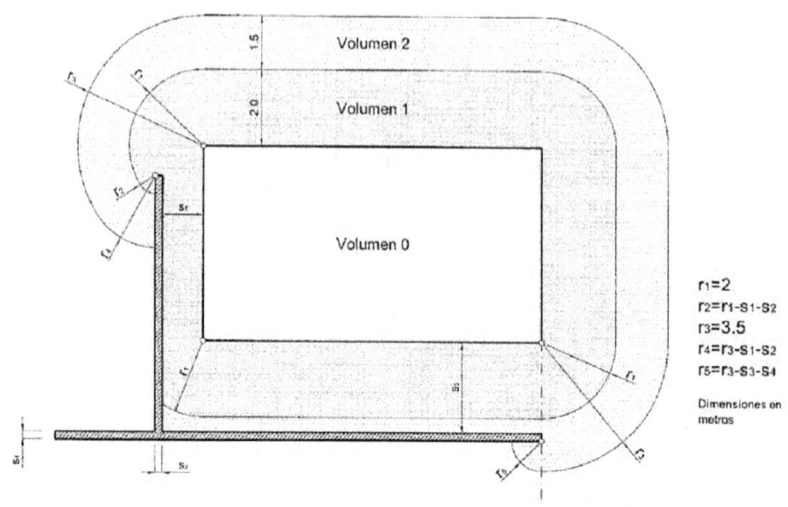

Figura 4. Volúmenes de protección en piscinas con paredes

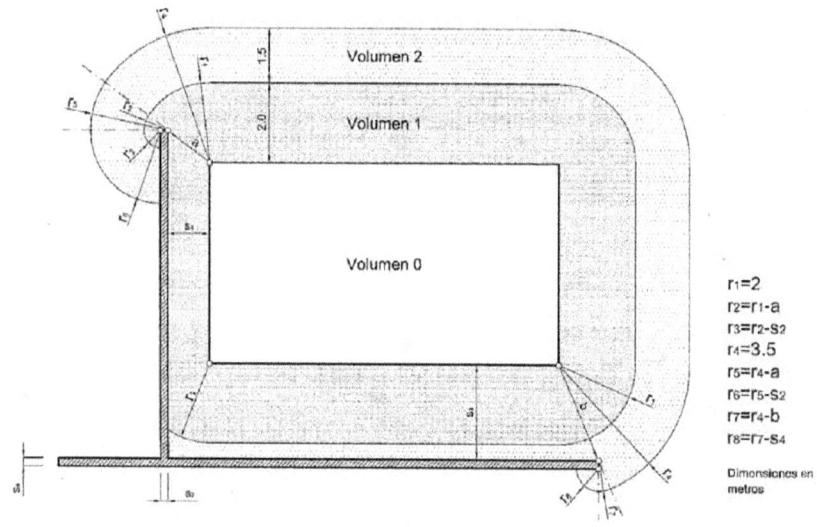

Figura 5. Volúmenes de protección en fuentes

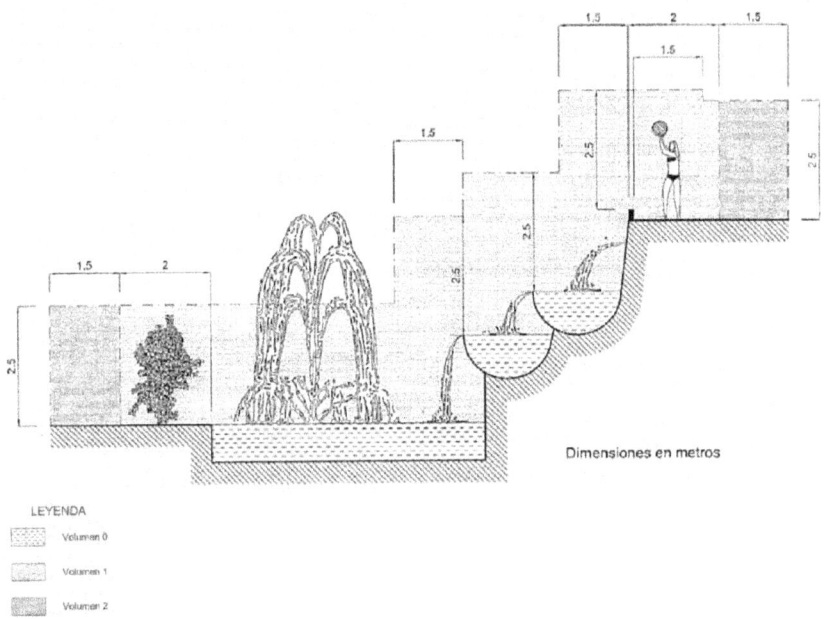

B. Instrucción Técnica Complementaria para Baja Tensión: ITC-BT-32 Instalaciones con fines especiales. Máquinas de elevación y transporte.

ITC-BT-32 del Reglamento electrotécnico para baja tensión aprobado por **REAL DECRETO 842/2002**, de 2 de agosto. BOE núm. 224 del miércoles 18 de septiembre.

1. ÁMBITO DE APLICACIÓN

Esta instrucción trata de los requisitos particulares de los sistemas de instalación del equipo eléctrico de grúas, aparatos de elevación y transporte y otros equipos similares tales como escaleras mecánicas, cintas transportadoras, puentes rodantes, cabrestantes, andamios eléctricos, etc.

2. REQUISITOS GENERALES

La instalación en su conjunto se podrá poner fuera de servicio mediante un interruptor omnipolar general de accionamiento manual, colocado en el circuito principal, Este interruptor deberá estar situado en lugares fácilmente accesibles desde el suelo, en el mismo local o recinto en el que esté situado el equipo eléctrico de accionamiento y será fácilmente identificable mediante un rótulo indeleble. Las canalizaciones que vayan desde el dispositivo general de protección al equipo eléctrico de elevación o de accionamiento deberán estar dimensionadas de manera que el arranque del motor no provoque una caída de tensión superior al 5 % únicamente en el caso de que las máquinas destinadas exclusivamente al transporte de mercancías no dispongan de jaulas para el transporte, se permitirá la instalación de interruptores suspendidos de la extremidad de la canalización móvil. Las canalizaciones móviles de mando y señalización se podrán colocar bajo la misma envolvente protectora de las demás líneas móviles, incluso si pertenecen a circuitos diferentes, siempre que cumplan las condiciones establecidas en la Instrucción **ITC-BT-20**. En las instalaciones en el exterior para servicios móviles se utilizarán cables flexibles con cubierta de policloropeno o similar según UNE 21027 o UNE 21150.

Los ascensores, las estructuras de todos los motores, máquinas elevadoras, combinadores y cubiertas metálicas de todos los dispositivos eléctricos en el interior de las cajas o sobre ellas y en el hueco, se conectarán a tierra. Se considerarán conectados a tierra los equipos montados sobre elementos de estructura metálica del edificio si dicha estructura ha sido conectada previamente a tierra y satisface las siguientes prescripciones:

- Su continuidad eléctrica está asegurada, ya sea por construcción, ya sea por medio de conexiones apropiadas, de manera que estén protegidas contra deterioros mecánicos, químicos o electroquímicos.
- Su conductibilidad debe ser adecuada a este uso.
- Sólo podrá ser desmontada si se han previsto medidas compensatorias.
- Ha sido estudiada y adaptada para este uso.

La estructura metálica de la caja soportada por los cables elevadores metálicos que pasen por poleas o tambores de la máquina elevadora se considerarán conectados a tierra con la condición de ofrecer toda garantía en las conexiones eléctricas entre ellos y tierra. Si esto no se cumpliera se instalará un conductor especial de protección.

Las vías de rodadura de toda grúa de taller estarán unidas a un conductor de protección.

Los locales, recintos, etc. en los que esté instalado el equipo eléctrico de accionamiento, sólo deberán ser accesibles a personas cualificadas. Cuando sus dimensiones permitan penetrar en él, deberán adoptarse las disposiciones relativas a las instalaciones en locales afectos a un servicio eléctrico según lo establecido en la **ITC-BT-30**. En estos lugares se colocará un esquema eléctrico de la instalación.

3. PROTECCIÓN PARA GARANTIZAR LA SEGURIDAD

1. *Protección contra los contactos directos*

En los sistemas colectores y conjunto de anillos colectores, los cables y barras colectoras, así como los montajes de las vías de rodadura deben estar encerrados o alejados, de forma que cualquiera que tenga acceso a las zonas correspondientes de la instalación, por ejemplo, los pasillos de las guías de deslizamiento o los pasillos de la viga portagrúa, incluyendo los puntos de acceso, tenga protección frente al contacto directo con las partes en tensión, de acuerdo con el **apartado 2** de la **ITC-BT-24**.

En las áreas donde sólo se admite el acceso de personas con formación específica, debe existir una protección por puesta fuera de alcance por alejamiento, para el caso de los cables o barras colectoras, de acuerdo con el **apartado 3.4** de la **ITC-BT-24**. En este caso, el límite del volumen de accesibilidad inferior a la superficie susceptible de ocupación por personas, finaliza en los límites de dicha superficie.

La protección mediante la colocación fuera del alcance está pensada únicamente para evitar el contacto accidental con las partes en tensión.

Los cables y barras colectoras deben estar dispuestos o protegidos de forma que incluso con una carga oscilante no puedan entrar en contacto con el aparejo de izar ni con ningún cable de control, cadenas de accionamiento, elementos similares que sean conductores eléctricos.

2. *Protección contra sobreintensidades*

El equipo eléctrico se protegerá mediante uno o más dispositivos automáticos de protección que actúen en caso de una sobreintensidad provocada por sobrecarga o cortocircuito. Este requisito no es aplicable a equipos diseñados para resistir sobreintensidades por sí mismos.

El funcionamiento de los dispositivos de protección contra sobreintensidades para los accionadores de los frenos mecánicos producirá la desconexión simultánea de los accionadores del movimiento correspondiente. Los dispositivos protectores contra temperatura excesiva que incluyen elementos sensibles a la temperatura (por ejemplo, resistencias dependientes de la temperatura o contactos bimetálicos) y que están montados en o sobre los devanados del motor en combinación con un contactor, no pueden considerarse como una protección suficiente contra una corriente de cortocircuito.

4. SECCIONAMIENTO Y CORTE

1. Corte por mantenimiento mecánico

Los interruptores deben ser de corte omnipolar y deberá tener los medios necesarios para impedir toda puesta en tensión de las instalaciones de forma imprevista.

En el lado de la alimentación de los anillos colectores o barras, debe instalarse un interruptor que permita el aislamiento y desconexión de todos los conductores de línea de la instalación y el conductor neutro. Las instalaciones eléctricas de grúas y aparatos de elevación y transporte, deben estar equipadas con un interruptor de desconexión que permita que la instalación eléctrica quede desconectada durante el mantenimiento y reparación.

Los conjuntos de aparamenta deben ser capaces de quedar desconectados. Esta desconexión debe incluir circuitos de potencia y control.

Los medios de corte deben estar situados en las proximidades de los conjuntos de aparamenta. Las partes activas de los conjuntos de aparamenta que por motivos de seguridad o mantenimiento deben permanecer en servicio después de la apertura, deben estar marcadas con una etiqueta que indique que están con tensión y protegidas contra un contacto directo no intencionado.

Si los circuitos después de los interruptores de desconexión pasan a través de los anillos o barras colectoras, éstos deben estar protegidos contra el contacto directo con un grado de protección de al menos IP2X. Puede prescindirse de los interruptores de desconexión de mantenimiento si los interruptores de emergencia especificados en el **apartado 4.2** están conectados a la entrada de la alimentación de la instalación.

En el caso de una única grúa puede prescindirse del interruptor de desconexión al cumplir esta función el interruptor situado en la alimentación de la instalación de la grúa.

2. *Corte y parada de emergencia*

Cada grúa, aparato de elevación o transporte debe tener uno o más mecanismos de parada de emergencia, en todos los puestos de mando de movimiento. Cuando existen varios circuitos, los mecanismos de parada de emergencia deben ser tales que, con una sola acción, provoquen el corte de toda alimentación apropiada. Los medios de corte de emergencia deben actuar lo más directamente posible sobre los conductores de alimentación apropiados. Debe evitarse la reconexión del suministro después del corte de emergencia mediante enclavamientos mecánicos o eléctricos. La reconexión solamente puede ser posible desde el dispositivo de control desde el cual se realizó el corte de emergencia. Cada grúa debe tener un dispositivo para la parada de emergencia accionado desde el suelo.

Cuando la parada de emergencia así lo permita, el corte de emergencia puede realizarse mediante el accionamiento de un interruptor situado en el punto de alimentación de la instalación, si es de corte en carga y está situado en una posición donde quede fácilmente accesible. Las grúas controladas desde el suelo y los aparatos de elevación deben pararse automáticamente cuando esté desconectado el mecanismo de control de funcionamiento.

5. APARAMENTA

1. Interruptores

Los interruptores deberán cumplir la UNE-EN 60947 -2 e instalarse en posiciones que permitan que los ensayos funcionales, se realicen sin peligro.

Están también permitidos los contactores como interruptores. Los contactores no deben utilizarse para seccionamiento.

2. Interruptores en el lado de la alimentación de la instalación

Debe ser posible aislar los anillos del colector y las barras o cables del suministro principal antes del punto de conexión de la grúa, mediante interruptores en el lado del suministro de la instalación para reparaciones y mantenimientos.

Los conectores y tomas de corriente conformes a UNE-EN 60309 -1 pueden usarse para este fin.

Cuando un anillo colector o barra está alimentado a través de varios interruptores en paralelo por el lado de la alimentación de la instalación, éstos deben estar enclavados de manera que se desconecten todos simultáneamente aun cuando solamente uno de ellos esté funcionando.

Solamente debe ser posible poner en servicio un anillo colector accesible o barra desde un lugar tal que el anillo colector o barra quede a la vista. Los interruptores en el lado de la alimentación de la instalación o sus mecanismos de control deben tener un dispositivo de protección contra el cierre intempestivo o no autorizado. En el caso de grúas y aparatos de elevación en lugares de edificación, el interruptor principal de la máquina puede ser utilizado como interruptor del lado de la alimentación de la instalación. El requisito de que este interruptor pueda tener protección contra el cierre intempestivo o no autorizado se considera como satisfecho si hay otras medidas que prevengan la puesta en servicio del aparato de elevación, p.ej. bloqueo por llave o candado.

6. DISPOSICIÓN DE LA TOMA DE TIERRA Y CONDUCTORES DE PROTECCIÓN

Cuando la alimentación se suministra a través de cables colectores, barras colectoras o conjuntos de anillos colectores, el conductor de protección debe tener un anillo colector individual o una barra colectora, cuyos soportes sean claramente visibles y distinguibles de aquellos de los anillos o barras colectoras activos. En lugares donde haya gases corrosivos, humedad o polvo, deben tomarse medidas especiales en los anillos, barras o carriles colectores utilizados como conductores de protección.

Los conductores de protección no deben transportar ninguna corriente cuando funcionen normalmente. No tienen que instalarse mediante soportes deslizantes sobre aislantes. Los aparatos de elevación deben conectarse a los conductores de protección no admitiéndose ruedas o rodillos para su conexión.

Los colectores para conductores de protección que no serán intercambiables con los demás colectores.

Instrucción Técnica Complementaria para Baja Tensión: ITC-BT-38 Instalaciones con fines especiales. Requisitos particulares para la instalación eléctrica en quirófanos y salas de intervención.

ITC-BT-38 del Reglamento electrotécnico para baja tensión aprobado por **REAL DECRETO 842/2002**, de 2 de agosto. BOE núm. 224 del miércoles 18 de septiembre.

1. OBJETO Y CAMPO DE APLICACIÓN

El objeto de la presente instrucción es determinar los requisitos particulares para las instalaciones eléctricas en quirófanos y salas de intervención así como las condiciones de instalación de los receptores utilizados en ellas. Los receptores objeto de esta instrucción cumplirán los requisitos de las directivas europeas aplicables conforme a lo establecido en el **artículo 6** del Reglamento electrotécnico de baja tensión.

Además de las prescripciones generales para locales de usos sanitarios señaladas en la **ITC-BT-28** se cumplirán las prescripciones particulares incluidas en la presente instrucción.

2. CONDICIONES GENERALES DE SEGURIDAD E INSTALACIÓN

Las salas de anestesia y demás dependencias donde puedan utilizarse anestésicos u otros productos inflamables, serán considerados como locales con riesgo de incendio o explosión Clase 1, Zona 1, salvo indicación en contra, y como tales las instalaciones deberán satisfacer las indicaciones para ellas establecidas en la **ITC-BT-29**.

Las bases de toma de corriente para diferentes tensiones, tendrán separaciones o formas distintas para las espigas de las clavijas correspondientes.

Cuando la instalación de alumbrado general se sitúe a una altura del suelo inferior a 2,5 metros, o cuando sus interruptores presenten partes metálicas accesibles, deberá ser protegida contra los contactos indirectos mediante un dispositivo diferencial, conforme a lo establecido en la **ITC-BT-24**.

Las características de aislamiento de los conductores, responderán a lo dispuesto en la **ITC-BT-19** y, en su caso, la **ITC-BT-29**.

1. *Medidas de protección*

   1. *Puesta a tierra de protección*

La instalación eléctrica de los edificios con locales para la práctica médica y en concreto para quirófanos o salas de intervención, deberán disponer de un suministro trifásico con neutro y conductor de protección. Tanto el neutro como el conductor de protección serán conductores de cobre, tipo aislado, a lo largo de toda la instalación.

La impedancia entre el embarrado común de puesta a tierra de cada quirófano o sala de intervención y las conexiones a masa, o los contactos de tierra de las bases de toma de corriente, no deberá exceder de 0,2 ohmios.

   2. *Conexión de equipotencialidad*

Todas las partes metálicas accesibles han de estar unidas al embarrado de equipotencialidad (EE en la **figura 1**), mediante conductores de cobre aislados e independientes. La impedancia entre estas partes y el embarrado (EE) no deberá exceder de 0,1 ohmios.

Se deberá emplear la identificación verde-amarillo para los conductores de equipotencialidad y para los de protección.

El embarrado de equipotencialidad (EE) estará unido al de puesta a tierra de protección (PT en la **figura 1**) por un conductor aislado con la identificación verdeamarillo, y de sección no inferior a 16 mm^2 de cobre.

La diferencia de potencial entre las partes metálicas accesibles y el embarrado de equipotencialidad (EE) no deberán exceder de 10 mV eficaces en condiciones normales.

3. _Suministro a través de un transformador de aislamiento._

Es obligatorio el empleo de transformadores de aislamiento o de separación de circuitos, como mínimo uno por cada quirófano o sala de intervención, para aumentar la fiabilidad de la alimentación eléctrica a aquellos equipos en los que una interrupción del suministro puede poner en peligro, directa o indirectamente, al paciente o al personal implicado y para limitar las corrientes de fuga que pudieran producirse (ver **figura 1**).

Se realizará una adecuada protección contra sobreintensidades del propio transformador y de los circuitos por él alimentados. Se concede importancia muy especial a la coordinación de las protecciones contra sobreintensidades de todos los circuitos y equipos alimentados a través de un transformador de aislamiento, con objeto de evitar que una falta en uno de los circuitos pueda dejar fuera de servicio la totalidad de los sistemas alimentados a través del citado transformador.

El transformador de aislamiento y el dispositivo de vigilancia del nivel de aislamiento, cumplirán la norma UNE 20615.

Se dispondrá de un cuadro de mando y protección por quirófano o sala de intervención, situado fuera del mismo, fácilmente accesible y en sus inmediaciones. Éste deberá incluir la protección contra sobreintensidades, el transformador de aislamiento y el dispositivo de vigilancia del nivel de aislamiento. Es muy importante que en el cuadro de mando y panel indicador del estado del aislamiento, todos los mandos queden perfectamente identificados y sean de fácil acceso. El cuadro de alarma del dispositivo de vigilancia del nivel de aislamiento deberá estar en el interior del quirófano o sala de intervención y ser fácilmente visible y accesible, con posibilidad de sustitución fácil de sus elementos.

4. *Protección diferencial y contra sobreintensidades*

Se emplearán dispositivos de protección diferencial de alta sensibilidad ($\leq$ 30 mA) y de clase A, para la protección individual de aquellos equipos que no estén alimentados a través de un transformador de aislamiento, aunque el empleo de los mismos no exime de la necesidad de puesta a tierra y equipotencialidad.

Se dispondrán las correspondientes protecciones contra sobreintensidades.

Los dispositivos alimentados a través de un transformador de aislamiento no deben protegerse con diferenciales en el primario ni en el secundario del transformador.

5. _Empleo de muy baja tensión de seguridad_

Las instalaciones con Muy Baja Tensión de Seguridad (MBTS) tendrán una tensión asignada no superior a 24 V en corriente alterna y 50 V en corriente continua y cumplirá lo establecido en la **ITC-BT-36**.

2. _Suministros complementarios_

Además del suministro complementario de reserva requerido en la **ITC-BT-20** será obligatorio disponer de un suministro especial complementario, por ejemplo con baterías, para hacer frente a las necesidades de la lámpara de quirófano o sala de intervención y equipos de asistencia vital, debiendo entrar en servicio automáticamente en menos de 0,5 segundos (corte breve) y con una autonomía no inferior a 2 horas. La lámpara de quirófano o sala de intervención siempre estará alimentada a través de un transformador de aislamiento (ver **figura 1**).

Todo el sistema de protección deberá funcionar con idéntica fiabilidad tanto si la alimentación es realizada por el suministro normal como por el complementario.

Figura 1

1. Alimentación general o línea general de alimentación
2. Distribución en la planta o derivación individual
3. Cuadro de distribución en la sala de operaciones
4. Suministro complementario
5. Transformador de aislamiento tipo médico
6. Dispositivo de vigilancia de aislamiento o monitor de detección de fugas
7. Suministro normal y especial complementario para alumbrado de lámparas de quirófano
8. Radiadores de calefacción central
9. Marco metálico de ventanas
10. Armario metálico para instrumentos
11. Partes metálicas de lavabos y suministro de agua
12. Torreta aérea de tomas de suministro de gas

13. Torreta aérea de tomas de corriente (Con terminales para conexión equipotencial envolvente conectada al embarrado conductor de protección)
14. Cuadro de alarmas del dispositivo de vigilancia de aislamiento
15. Mesa de operaciones (De mando eléctrico)
16. Lámpara de quirófano
17. Equipos de rayos X
18. Esterilizador
19. Interruptor de protección diferencial
20. Embarrado de puesta a tierra
21. Embarrado de equipotencialidad

Figura 1. Ejemplo de un esquema general de la instalación eléctrica de un quirófano

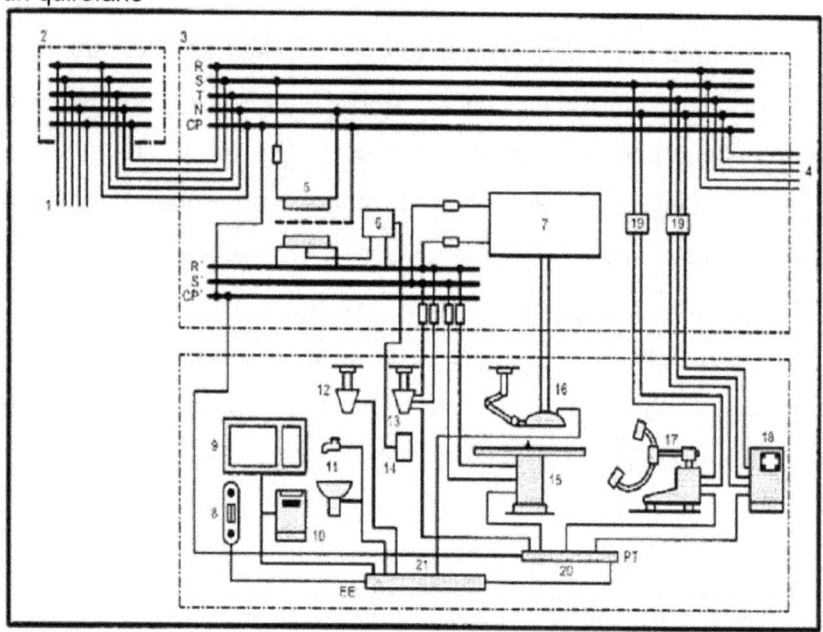

3. Medidas contra el riesgo de incendio o explosión

Para los quirófanos o salas de intervención en los que se empleen mezclas anestésicas gaseosas o agentes desinfectantes inflamables, la figura 2 muestra las zonas G y M, que deberán ser consideradas como zonas de la Clase I; Zona 1 y Clase 1; Zona

2, respectivamente, conforme a lo establecido en la **ITC-BT-29**.

La zona M, situada debajo de la mesa de operaciones (ver **figura 2**), podrá considerarse como zona sin riesgo de incendio o explosión cuando se asegure una ventilación de 15 renovaciones de aire /hora. Los suelos de los quirófanos o salas de intervención serán del tipo antielectrostático y su resistencia de aislamiento no deberá exceder de 1 MΩ, salvo que se asegure que un valor superior, pero siempre inferior a 100 MΩ, no favorezca la acumulación de cargas electrostáticas peligrosas.

En general, se prescribe un sistema de ventilación adecuado que evite las concentraciones de los gases empleados para la anestesia y desinfección.

Figura 2. Zonas con riesgo de incendio y explosión en el quirófano, cuando se empleen mezclas anestésicas gaseosas o agentes desinfectantes inflamables

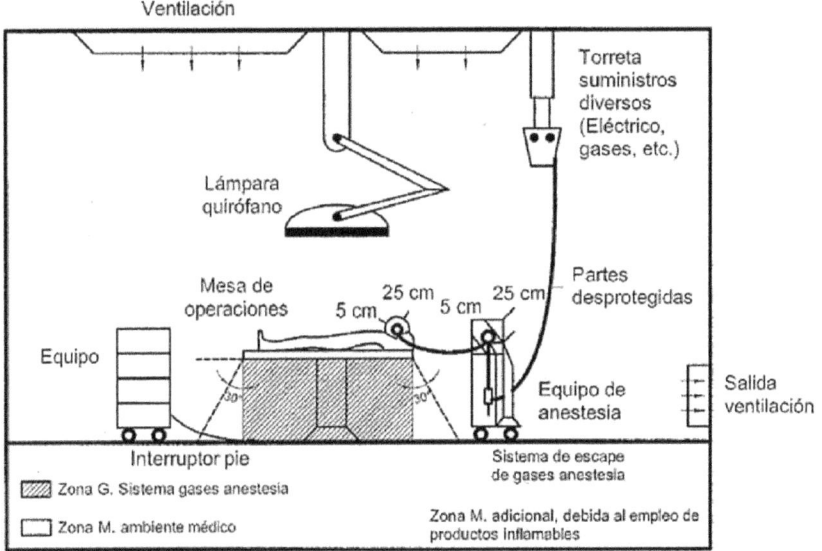

4. Control y mantenimiento

1. *Antes de la puesta en servicio de la instalación*

La empresa instaladora autorizada deberá proporcionar un informe escrito sobre los resultados de los controles realizados al término de la ejecución de la instalación, que comprenderá, al menos:

- El funcionamiento de las medidas de protección
- La continuidad de los conductores activos y de los conductores de protección y puesta a tierra
- La resistencia de las conexiones de los conductores de protección y de las conexiones de equipotencialidad
- La resistencia de aislamiento entre conductores activos y tierra en cada circuito
- La resistencia de puesta a tierra
- La resistencia de aislamiento de suelos antielectrostáticos, y
- El funcionamiento de todos los suministros complementarios.

2. *Después de su puesta en servicio*

Se realizará un control, al menos semanal, del correcto funcionamiento del dispositivo de vigilancia de aislamiento y de los dispositivos de protección. Así mismo, se realizarán medidas de continuidad y de resistencia de aislamiento, de los diversos circuitos en el interior de los quirófanos o salas de intervención, como mínimo mensualmente.

El mantenimiento de los diversos equipos deberá efectuarse de acuerdo con las instrucciones de sus fabricantes. La revisión periódica de las instalaciones, en general, deberá realizarse conforme a lo establecido en la incluyendo en cualquier caso, las verificaciones indicadas en **2.4.1**.

Además de las inspecciones periódicas establecidas en la **ITC-BT-05**, se realizará una revisión anual de la instalación por una empresa instaladora autorizada, incluyendo, en ambos casos, las verificaciones indicadas en **2.4.1** anterior.

3. *Libro de Mantenimiento*

Todos los controles realizados serán recogidos en un "Libro de Mantenimiento" de cada quirófano o sala de intervención, en el que se expresen los resultados obtenidos y las fechas en que se efectuaron, con firma del técnico que los realizó. En el mismo, deberán reflejarse con detalle las anomalías observadas, para disponer de antecedentes que puedan servir de base a la corrección de deficiencias.

3. CONDICIONES ESPECIALES DE INSTALACIÓN DE RECEPTORES EN QUIRÓFANOS Y SALAS DE INTERVENCIÓN

Todas las masas metálicas de los receptores invasivos eléctricamente deben conectarse a través de un conductor de protección a un embarrado común de puesta a tierra de protección (PT en **figura 1**) y éste, a su vez, a la puesta a tierra general del edificio. Se entiende por receptor invasivo eléctricamente aquel que desde el punto de vista eléctrico penetra parcial o completamente en el interior del cuerpo bien por un orificio corporal o bien a través de la superficie corporal. Esto es, aquellos productos que por su utilización endocavitaria pudieran presentar riesgo de microchoque sobre el paciente. A título de ejemplo pueden citarse, electrobisturíes, equipos radiológicos de aplicación cardiovascular de intervención, ciertos equipos de monitorización, etc. Los receptores invasivos deberán conectarse a la red de alimentación a través de un transformador de aislamiento. La instalación de receptores no invasivos eléctricamente, tales como, resonancia magnética, ultrasonidos, equipos analíticos, equipos radiológicos no de intervención, se atendrán a las reglas generales de instalación de receptores indicadas en la **ITC-BT-43**.

Instrucción Técnica Complementaria para Baja Tensión: ITC-BT-40 Instalaciones generadoras de baja tensión.

ITC-BT-40 del Reglamento electrotécnico para baja tensión aprobado por **REAL DECRETO 842/2002**, de 2 de agosto. BOE núm. 224 del miércoles 18 de septiembre.

1. OBJETO Y CAMPO DE APLICACIÓN

La presente instrucción se aplica a las instalaciones generadoras, entendiendo como tales, las destinadas a transformar cualquier tipo de energía no eléctrica en energía eléctrica.

A los efectos de esta Instrucción se entiende por "Redes de Distribución Pública" a las redes eléctricas que pertenecen o son explotadas por empresas cuyo fin principal es la distribución de energía eléctrica para su venta a terceros. Asimismo, se entiende por "Autogenerador" a la empresa que, subsidiariamente a sus actividades principales, produce, individualmente o en común, la energía eléctrica destinada en su totalidad o en parte, a sus necesidades propias.

2. CLASIFICACIÓN

Las Instalaciones Generadoras se clasifican, atendiendo a su funcionamiento respecto a la Red de Distribución Pública, en:

a. Instalaciones generadoras aisladas: aquellas en las que no puede existir conexión eléctrica alguna con la Red de Distribución Pública.

b. Instalaciones generadoras asistidas: Aquellas en las que existe una conexión con la Red de Distribución Pública, pero sin que los generadores puedan estar trabajando en paralelo con ella. La fuente preferente de suministro podrá ser tanto los grupos generadores como la Red de Distribución Pública, quedando la otra fuente como socorro o apoyo. Para impedir la conexión simultánea de ambas, se deben instalar los correspondientes sistemas de conmutación. Será posible no obstante, la realización de maniobras de transferencia de carga sin corte, siempre que se cumplan los requisitos técnicos descritos en el **apartado 4.2.**

c. Instalaciones generadoras interconectadas: Aquellas que están, normalmente, trabajando en paralelo con la Red de Distribución Pública.

3. CONDICIONES GENERALES

Los generadores y las instalaciones complementarias de las instalaciones generadoras, como los depósitos de combustibles, canalizaciones de líquidos o gases, etc., deberán cumplir, además, las disposiciones que establecen los Reglamentos y Directivas específicos que les sean aplicables.

Cuando las instalaciones generadoras estén alojadas en edificios o establecimientos industriales, sus locales, que serán de usos exclusivos, cumplirán con las disposiciones reguladoras de protección contra incendios correspondientes.

Los locales donde estén instalados los motores térmicos, cualquiera que sea su potencia, deberán estar suficientemente ventilados. Los conductos de salida de los gases de combustión serán de material incombustible y evacuarán directamente al exterior o a través de un sistema de aprovechamiento energético.

4. CONDICIONES PARA LA CONEXIÓN

1. Instalaciones generadoras aisladas

La conexión a los receptores, en las instalaciones donde no pueda darse la posibilidad del acoplamiento con la Red de Distribución Pública o con otro generador, precisará la instalación de un dispositivo que permita conectar y desconectar la carga en los circuitos de salida del generador.

Cuando existan más de un generador y su conexión exija la sincronización, se deberá disponer de un equipo manual o automático para realizar dicha operación.

Los generadores portátiles deberán incorporar las protecciones generales contra sobreintensidades y contactos directos e indirectos necesarios para la instalación que alimenten.

2. Instalaciones generadoras asistidas

En la instalación interior la alimentación alternativa (red o generador) podrá hacerse en varios puntos que irán provistos de un sistema de conmutación para todos los conductores activos y el neutro, que impida el acoplamiento simultáneo a ambas fuentes de alimentación. En el caso en el que esté previsto realizar maniobras de transferencia de carga sin corte, la conexión de la instalación generadora asistida con la Red de Distribución Pública se hará en un punto único y deberán cumplirse los siguientes requisitos:

- o Sólo podrán realizar maniobras de transferencia de carga sin corte los generadores de potencia superior a 100 kVA
- o En el momento de interconexión entre el generador y la red de distribución pública, se desconectará el neutro del generador de tierra.
- o El sistema de conmutación deberá instalarse junto a los aparatos de medida de la Red de Distribución pública, con accesibilidad para la empresa distribuidora.
- o Deberá incluirse un sistema de protección que imposibilite el envío de potencia del generador a la red.
- o Deberán incluirse sistemas de protección por tensión del generador fuera de límites, frecuencia fuera de límites, sobrecarga y cortocircuito, enclavamiento para no poder energizar la línea sin tensión y protección por fuera de sincronismo.
- o Dispondrá de un equipo de sincronización y no se podrá mantener la interconexión más de 5 segundos.

El conmutador llevará un contacto auxiliar que permita conectar a una tierra propia el neutro de la generación, en los casos que se prevea la transferencia de carga sin corte.

Los elementos de protección y sus conexiones al conmutador serán precintables o se garantizará mediante método alternativo que no se pueden modificar los parámetros de conmutación iniciales y la empresa distribuidora de energía eléctrica, deberá poder acceder de forma permanente a dicho elemento, en los casos en que se prevea la transferencia de carga sin corte. El dispositivo de maniobra del conmutador será accesible al Autogenerador.

3. *Instalaciones generadoras interconectadas*

La potencia máxima de las centrales interconectadas a una Red de Distribución Pública, estará condicionada por las características de ésta: tensión de servicio, potencia de cortocircuito, capacidad de transporte de línea, potencia consumida en la red de baja tensión, etc.

1. *Potencias máximas de las centrales interconectadas en baja tensión.*

Con carácter general la interconexión de centrales generadoras a las redes de baja tensión de 3x400/230 V será admisible cuando la suma de las potencias nominales de los generadores no exceda de 100 kVA, ni de la mitad de la capacidad de la salida del centro de transformación correspondiente a la línea de la Red de Distribución Pública a la que se conecte la central.

En redes trifásicas a 3x220/127 V, se podrán conectar centrales de potencia total no superior a 60 kVA ni de la mitad de la capacidad de la salida del centro de transformación correspondiente a la línea de la Red de Distribución Pública a la que se conecte la central. En estos casos toda la instalación deberá estar preparada para un funcionamiento futuro a 3x400/230 V.

En los generadores eólicos, para evitar fluctuaciones en la red, la potencia de los generadores no será superior al 5% de la potencia de cortocircuito en el punto de conexión a la Red de Distribución Pública.

2. _Condiciones específicas para el arranque y acoplamiento de la instalación generadora a la Red de Distribución Pública._

1. _Generadores asíncronos._

La caída de tensión que puede producirse en la conexión de los generadores no será superior al 3 % de la tensión asignada de la red. En el caso de generadores eólicos la frecuencia de las conexiones será como máximo de 3 por minuto, siendo el límite de la caída de tensión de 2 % de la tensión asignada durante 1 segundo. Para limitar la intensidad en el momento de la conexión y las caídas de tensión, a los valores anteriormente indicados, se emplearán dispositivos adecuados. La conexión de un generador asíncrono a la red no se realizará hasta que, accionados por la turbina o el motor, éste haya adquirido una velocidad entre el 90 y el 100% de la velocidad de sincronismo.

2. _Generadores síncronos._

La utilización de generadores síncronos en instalaciones que deben interconectarse a Redes de Distribución Pública, deberá ser acordada con la empresa distribuidora de energía eléctrica, atendiendo a la necesidad de funcionamiento independiente de la red y a las condiciones de explotación de ésta.

La central deberá poseer un equipo de sincronización, automático o manual. Podrá prescindirse de este equipo si la conexión pudiera efectuarse como generador asíncrono. En este caso las características del arranque deberán cumplir lo indicado para este tipo de generadores. La conexión de la central a la red de distribución pública deberá efectuarse cuando en la operación de sincronización las diferencias entre las magnitudes eléctricas del generador y la red no sean superiores a las siguientes:

- Diferencia de tensiones ±8
- Diferencia de frecuencia ±0,1 Hz
- Diferencia de fase ±10°

Los puntos donde no exista equipo de sincronismo y sea posible la puesta en paralelo, entre la generación y la Red de Distribución Pública, dispondrán de un enclavamiento que impida la puesta en paralelo.

3. *Equipos de maniobra y medida a disponer en el punto de interconexión.*

En el origen de la instalación interior y en un punto único y accesible de forma permanente a la empresa distribuidora de energía eléctrica, se instalará un interruptor automático sobre el que actuarán un conjunto de protecciones. Éstas deben garantizar que las faltas internas de la instalación no perturben el correcto funcionamiento de las redes a las que estén conectadas y en caso de defecto de éstas, debe desconectar el interruptor de la interconexión que no podrá reponerse hasta que exista tensión estable en la Red de Distribución Pública.

Las protecciones y el conexionado del interruptor serán precintables y el dispositivo de maniobra será accesible al

Autogenerador. El interruptor de acoplamiento llevará un contacto auxiliar que permita desconectar el neutro de la red de distribución pública y conectar a tierra el neutro de la generación cuando ésta deba trabajar independiente de aquella. Cuando se prevea la entrega de energía de la instalación generadora a la Red de Distribución Pública, se dispondrá, al final de la instalación de enlace, un equipo de medida que registre la energía suministrada por el Autogenerador. Este equipo de medida podrá tener elementos comunes con el equipo que registre la energía aportada por la Red de Distribución Pública, siempre que los registros de la energía en ambos sentidos se contabilicen de forma independiente. Los elementos a disponer en el equipo de medida serán los que correspondan al tipo de discriminación horaria que se establezca. En las instalaciones generadoras con generadores asíncronos se dispondrá siempre un contador que registre la energía reactiva absorbida por éste. Cuando deba verificarse el cumplimiento de programas de entrega de energía tendrán que disponerse los elementos de medida o registro necesarios.

4. *Control de la energía reactiva.*

En las instalaciones con generadores asíncronos, el factor de potencia de la instalación no será inferior a 0,86 a la potencia nominal y para ello, cuando sea necesario, se instalarán las baterías de condensadores precisas. Las instalaciones anteriores dispondrán de dispositivos de protección adecuados que aseguren la desconexión en un tiempo inferior a 1 segundo cuando se produzca una interrupción en la Red de Distribución Pública.

La empresa distribuidora de energía eléctrica podrá eximir de la compensación del factor de potencia en el caso de que pueda suministrar la energía reactiva. Los generadores síncronos deberán tener una capacidad de generación de energía reactiva suficiente para mantener el factor de potencia entre 0,8 y 1 en adelanto o retraso. Con objeto de mantener estable la energía reactiva suministrada se instalará un control de la excitación que permita regular la misma.

5. CABLES DE CONEXIÓN

Los cables de conexión deberán estar dimensionados para una intensidad no inferior al 125% de la máxima intensidad del generador y la caída de tensión entre el generador y el punto de interconexión a la Red de Distribución Pública o a la instalación interior, no será superior al 1,5%, para la intensidad nominal.

6. FORMA DE LA ONDA

La tensión generada será prácticamente senoidal, con una tasa máxima de armónicos, en cualquier condición de funcionamiento de:

- Armónicos de orden par: 4/n
- Armónicos de orden 3: 5
- Armónicos de orden impar (≥ 5): 25/n

La tasa de armónicos es la relación, en %, entre el valor eficaz del armónico de orden n y el valor eficaz del fundamental.

7. PROTECCIONES

La máquina motriz y los generadores dispondrán de las protecciones específicas que el fabricante aconseje para reducir los daños como consecuencia de defectos internos o externos a ellos.

Los circuitos de salida de los generadores se dotarán de las protecciones establecidas en las correspondientes ITC que les sean aplicables. En las instalaciones de generación que puedan estar interconectadas con la Red de Distribución Pública, se dispondrá un conjunto de protecciones que actúen sobre el interruptor de interconexión, situadas en el origen de la instalación interior. Éstas corresponderán a un modelo homologado y deberán estar debidamente verificadas y precintadas por un Laboratorio reconocido.

Las protecciones mínimas a disponer serán las siguientes:

- De sobreintensidad, mediante relés directos magnetotérmicos o solución equivalente.
- De mínima tensión instantáneos, conectados entre las tres fases y neutro y que actuarán, en un tiempo inferior a 0,5 segundos, a partir de que la tensión llegue al 85% de su valor asignado.
- De sobretensión, conectado entre una fase y neutro, y cuya actuación debe producirse en un tiempo inferior a 0,5 segundos, a partir de que la tensión llegue al 110% de su valor asignado.
- De máxima y mínima frecuencia, conectado entre fases, y cuya actuación debe producirse cuando la frecuencia sea inferior a 49 Hz o superior a 51 Hz durante más de 5 períodos.

8. INSTALACIONES DE PUESTA A TIERRA

1. Generalidades

Las centrales de instalaciones generadoras deberán estar provistas de sistemas de puesta a tierra que, en todo momento, aseguren que las tensiones que se puedan presentar en las masas metálicas de la instalación no superen los valores, establecidos en la MIE-RAT 13 del Reglamento sobre Condiciones Técnicas y Garantías de Seguridad en Centrales Eléctricas, Subestaciones y Centros de Transformación.

Los sistemas de puesta a tierra de las centrales de instalaciones generadoras deberán tener las condiciones técnicas adecuadas para que no se produzcan transferencias de defectos a la Red de Distribución Pública ni a las instalaciones privadas, cualquiera que sea su funcionamiento respecto a ésta: aisladas, asistidas o interconectadas.

2. *Características de la puesta a tierra según el funcionamiento de la instalación generadora respecto a la Red de Distribución Pública.*

    1. <u>*Instalaciones generadoras aisladas conectadas a instalaciones receptoras que son alimentadas de forma exclusiva por dichos grupos.*</u>

La red de tierras de la instalación conectada a la generación será independiente de cualquier otra red de tierras. Se considerará que las redes de tierra son independientes cuando el paso de la corriente máxima de defecto por una de ellas, no provoca, en la otra, diferencias de tensión, respecto a la tierra de referencia, superiores a 50 V. En las instalaciones de este tipo se realizará la puesta a tierra del neutro del generador y de las masas de la instalación conforme a uno de los sistemas recogidos en la **ITC-BT-08**.

Cuando el generador no tenga el neutro accesible, se podrá poner a tierra el sistema mediante un transformador trifásico en estrella, utilizable para otras funciones auxiliares. En el caso de que trabajen varios generadores en paralelo, se deberá conectar a tierra, en un solo punto, la unión de los neutros de los generadores.

2. *Instalaciones generadoras asistidas, conectadas a instalaciones receptoras que pueden ser alimentadas, de forma independiente, por dichos grupos o por la red de distribución pública.*

Cuando la Red de Distribución Pública tenga el neutro puesto a tierra, el esquema de puesta a tierra será el TT y se conectarán las masas de la instalación y receptores a una tierra independiente de la del neutro de la Red de Distribución Pública.

En caso de imposibilidad técnica de realizar una tierra independiente para el neutro del generador, y previa autorización específica del Órgano Competente de la Comunidad Autónoma, se podrá utilizar la misma tierra para el neutro y las masas.

Para alimentar la instalación desde la generación propia en los casos en que se prevea transferencia de carga sin corte, se dispondrá, en el conmutador de interconexión, un polo auxiliar que cuando pase a alimentar la instalación desde la generación propia conecte a tierra el neutro de la generación.

3. *Instalaciones generadoras interconectadas, conectadas a instalaciones receptoras que pueden ser alimentadas, de forma simultánea o independiente, por dichos grupos o por la Red de Distribución Pública.*

Cuando la instalación receptora esté acoplada a una Red de Distribución Pública que tenga el neutro puesto a tierra, el esquema de puesta a tierra será el TT y se conectarán las masas de la instalación y receptores a una tierra independiente de la del neutro de la Red de Distribución pública. Cuando la instalación receptora no esté acoplada a la Red de Distribución Pública y se alimente de forma exclusiva desde la instalación generadora, existirá en el interruptor automático de interconexión, un polo auxiliar que desconectará el neutro de la Red de Distribución Pública y conectará a tierra el neutro de la generación.

Para la protección de las instalaciones generadoras se establecerá un dispositivo de detección de la corriente que circula por la conexión de los neutros de los generadores al neutro de la Red de Distribución Pública, que desconectará la instalación si se sobrepasa el 50% de la intensidad nominal.

3. *Generadores eólicos*

La puesta a tierra de protección de la torre y del equipo en ella montado contra descargas atmosféricas será independiente del resto de las tierras de la instalación.

9. PUESTA EN MARCHA

Para la puesta en marcha de las instalaciones generadoras asistidas o interconectadas, además de los trámites y gestiones que corresponda realizar, de acuerdo con la legislación vigente ante los Organismos Competentes se deberá presentar el oportuno proyecto a la empresa distribuidora de energía eléctrica de aquellas partes que afecten a las condiciones de acoplamiento y seguridad del suministro eléctrico. Esta podrá verificar, antes de realizar la puesta en servicio, que las instalaciones de interconexión y demás elementos que afecten a la regularidad del suministro están realizadas de acuerdo con los reglamentos en vigor. En caso de desacuerdo se comunicará a los órganos competentes de la Administración, para su resolución.

Este trámite ante la empresa distribuidora de energía eléctrica, no será preciso en las instalaciones generadoras aisladas.

10. OTRAS DISPOSICIONES

Todas las actuaciones relacionadas con la fijación del punto de conexión, el proyecto, la puesta en marcha y explotación de las instalaciones generadoras seguirán los criterios que establece la legislación en vigor. La empresa distribuidora de energía eléctrica podrá, cuando detecte riesgo inmediato para las personas, animales y bienes, desconectar las instalaciones generadoras interconectadas, comunicándolo posteriormente, al Órgano competente de la Administración.

ESTRUCTURA DEL REBT

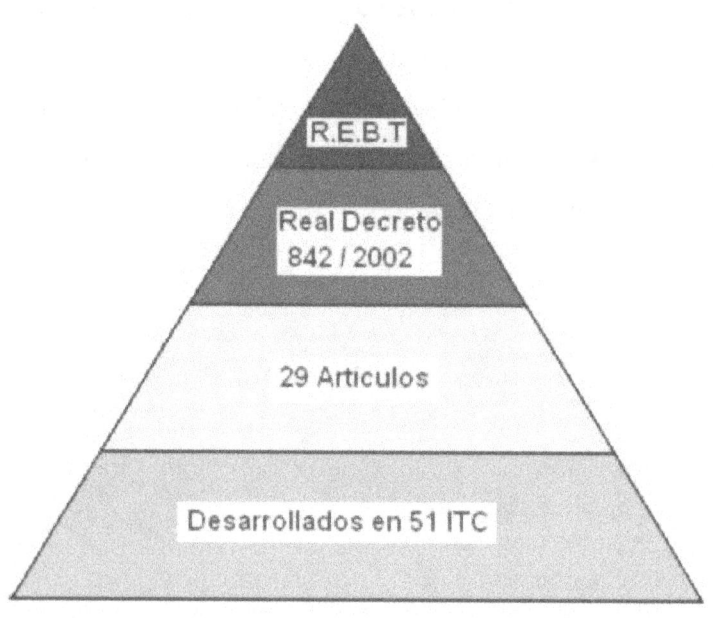

AUTOEVALUACIÓN

Reglamento electrotécnico de baja tensión: Instalaciones de puesta a tierra. Instalaciones en locales de pública concurrencia. Prescripciones particulares para las instalaciones eléctricas de los locales con riesgo de incendio o explosión. Instalaciones en locales de características especiales. Instalaciones con fines especiales (ITC-BT-31, 32), instalaciones con fines especiales (ITC-BT-38). Instalaciones generadoras de baja tensión.

---

1. ¿Cuál es el número de Decreto que aprobó el Reglamento de electrotécnico para baja tensión?
  a) 248/2002
  b) 284/2002
  c) 842/2002
  d) 244/2004
  e) 247/2005

2. ¿Cuál fue su Departamento Emisor del Reglamento electrotécnico para baja tensión?
  a) Ministerio de Industria y Comercio.
  b) Ministerio de Ciencia y Educación.
  c) Ministerio de Defensa.
  d) Ministerio de Ciencia y Tecnología
  e) Ministerio de cultura y educación.

3. ¿De qué trata la Disposición transitoria primera del Reglamento electrotécnico para baja tensión?
  a) Formación Profesional.
  b) Habilitación Normativa.
  c) Derogación Normativa.
  d) Carnets Profesionales.
  e) Ninguna es correcta.

4. Las puestas a tierra se establecen principalmente con objeto de limitar:
   a) La tensión.
   b) La intensidad.
   c) La resistencia.
   d) La carga.
   e) La impedancia.

5. A qué corresponde la siguiente definición: Es la unión eléctrica directa, sin fusibles ni protección alguna, de una parte del circuito eléctrico o de una parte conductora no perteneciente al mismo mediante una toma de tierra con un electrodo o grupos de electrodos enterrados en el suelo.
   a) Neutro o conexión a chasis.
   b) Puesta o conexión a tierra.
   c) Puesta a punto de la línea.
   d) Puesta en marcha de la instalación.
   e) Puesta o conexión de neutro.

6. Mediante la instalación de puesta a tierra se deberá conseguir que en el conjunto de instalaciones, edificios y superficie próxima del terreno no aparezcan:
   a) Diferencias de cargas.
   b) Diferencias de resistencias.
   c) Diferencias de neutro.
   d) Diferencias de fases.
   e) Diferencias de potencial.

7. En la Instrucción Técnica Complementaria para Baja Tensión: ITC-BT-28. ¿Cuál es el ámbito de aplicación de Instalaciones en locales de pública concurrencia?
   a) Locales de espectáculos y actividades recreativas.
   b) Viviendas.
   c) Locales de reunión, trabajo y usos sanitarios.
   d) Vehículos de automoción.
   e) a y c son correctas.

8. La ocupación prevista de los locales se calculará como
   a)   1 persona por cada 0,8 m2 de superficie útil.
   b)   3 personas por cada 0,8 m2 de superficie útil.
   c)   2 personas por cada 0,8 m2 de superficie útil.
   d)   4 personas por cada 0,8 m2 de superficie útil.
   e)   5 personas por cada 0,8 m2 de superficie útil.

9. Todos los locales de pública concurrencia deberán disponer de:
   a)   Pararrayos.
   b)   Videocámaras de seguridad.
   c)   Alarmas.
   d)   Alumbrado de emergencia.
   e)   Todas son correctas.

10. En la Técnica Complementaria para Baja Tensión: ITC-BT-29. ¿Cuál es el campo de aplicación de Instrucción Prescripciones particulares para las instalaciones eléctricas de los locales con riesgo de incendio o explosión?
   a) Emplazamientos en los que se fabriquen, procesen, manipulen, traten, utilicen o almacenen sustancias sólidas, líquidas o gaseosas, susceptibles de inflamarse, deflagrar, o explosionar, siendo sostenida la reacción por el aporte de oxígeno procedente del aire ambiente en que se encuentran.
   b) Emplazamientos en los que no se fabriquen, procesen, manipulen, traten, utilicen o almacenen sustancias sólidas, líquidas o gaseosas, susceptibles de inflamarse, deflagrar, o explosionar, siendo sostenida la reacción por el aporte de oxígeno procedente del aire ambiente en que se encuentran.
   c) Emplazamientos en los que se fabriquen, procesen, manipulen, traten, utilicen o almacenen sustancias sólidas, líquidas o gaseosas, susceptibles de inflamarse, deflagrar, o explosionar, siendo sostenida la reacción por el aporte de hidrógeno procedente del aire ambiente en que se encuentran.
   d) Emplazamientos en los que se fabriquen, procesen, manipulen, traten, utilicen o almacenen sustancias sólidas, líquidas o gaseosas, susceptibles de inflamarse, deflagrar, o explosionar, siendo sostenida la reacción por el aporte

de oxígeno procedente del aire externo en que se encuentran.
e) Ninguna es correcta.

11. ¿Cuántas clases de emplazamiento corresponden a las instalaciones eléctricas de los locales con riesgo de incendio o explosión?
    a) I
    b) II
    c) III
    d) IV
    e) V

12. ¿Cuál corresponde al campo de aplicación de las Instalaciones en locales de características especiales?
    a) Instalaciones en locales secos.
    b) Instalaciones en locales nuevos.
    c) Instalaciones en locales mojados.
    d) Instalaciones en locales a muy baja temperatura.
    e) C y d son correctos.

13. Instalaciones con fines especiales de las prescripciones de las instalaciones eléctricas de las:
    a) Piscinas, pediluvios y fuentes ornamentales.
    b) Tanques de agua, cañerías de agua y parques.
    c) Estadios, plazas y fuentes.
    d) Plazas, parques y paseos.
    e) Todas son correctas.

14. Cuál corresponde al ámbito de aplicación de las Instalaciones con fines especiales. Máquinas de elevación y transporte.
    a) Del equipo eléctrico de grúas.
    b) Aparatos de elevación y transporte.
    c) Escaleras mecánicas.
    d) Andamios eléctricos.
    e) Todas son correctas.

15. Los ascensores, las estructuras de todos los motores, máquinas elevadoras, combinadores y cubiertas metálicas de todos los dispositivos eléctricos en el interior de las cajas o sobre ellas y en el hueco, se conectarán:

a) A fase

b) A neutro.

c) A pararrayos.

d) A Interruptor.

e) A tierra.

16. Sobre los conductores de alimentación apropiados, ¿Cómo deben actuar los medios de corte de emergencia?

a) Lo más lento posible.

b) Lo más directamente posible.

c) Lo más lejano posible.

d) Lo más protegido posible.

e) Ninguna es correcta.

17. ¿Cuál es el campo de aplicación para la Instrucción Técnica Complementaria para Baja Tensión: ITC-BT-38 Instalaciones con fines especiales Instalaciones con fines especiales?

a) Instalaciones eléctricas en Escuelas y salas de intervención.

b) Instalaciones eléctricas en quirófanos y salas de intervención.

c) Instalaciones eléctricas en quirófanos y salas de producción.

d) Instalaciones eléctricas en quirófanos y salas de construcción.

e) Instalaciones eléctricas en viviendas y salas de intervención.

18. Salvo indicación en contra, las salas de anestesia y demás dependencias donde puedan utilizarse anestésicos u otros productos inflamables, serán considerados como locales con riesgo de incendio o explosión:
a) Clase 3, Zona 3.
b) Clase 5, Zona 5.
c) Clase 1, Zona 1.
d) Clase 4, Zona 4.
e) Clase 0, Zona 0.

19. La instalación eléctrica de los edificios con locales para la práctica médica y en concreto para quirófanos o salas de intervención, deberán disponer de un suministro:
a) Monofásico con neutro y conductor de protección.
b) Bifásico con tierra y neutro.
c) Trifásico embarrado con tierra.
d) Monofásico sin tierra.
e) Trifásico con neutro y conductor de protección.

20. Para protección se emplearán dispositivos de protección diferencial de alta sensibilidad. ¿Qué medida y clase?
a) 20 mA y de clase B.
b) 10 mA y de clase C.
c) 30 mA y de clase A.
d) 40 mA y de clase D.
e) Ninguna es correcta.

21. Todos los controles realizados serán recogidos en un:
a) Libro de Novedades.
b) Libro de Actas.
c) Libro de Guardia.
d) Libro de Equipos.
e) Libro de Mantenimiento.

22. ¿A qué campo de aplicación le corresponde a la Instrucción Técnica Complementaria para Baja Tensión: ITC-BT-40 Instalaciones generadoras de baja tensión?

a) Instalaciones acumuladoras.
b) Instalaciones derivadoras.
c) Instalaciones de emergencia.
d) Instalaciones generadoras.
e) Instalaciones auxiliares.

23. A qué valor no será inferior el factor de potencia de la instalación con relación a la potencia nominal, en las instalaciones con generadores asíncronos, y para ello, cuando sea necesario, se instalarán las baterías de condensadores precisas.

a) 0,75
b) 0,95
c) 0,86
d) 0,65
e) 0,99

SOLUCIONARIO

1. c) 842/2002
2. d) Ministerio de Ciencia y Tecnología
3. d) Carnets Profesionales.
4. a) La tensión.
5. b) Puesta o conexión a tierra.
6. e) Diferencias de potencial.
7. e) a y c son correctas.
8. a) 1 persona por cada 0,8 m2 de superficie útil.
9. d) Alumbrado de emergencia.
10. a)
11. b) II
12. e) C y d son correctos.
13. a) Piscinas, pediluvios y fuentes ornamentales.
14. e) Todas son correctas.
15. e) A tierra.
16. b) Lo más directamente posible.
17. b)
18. c) Clase 1, Zona 1.
19. e) Trifásico con neutro y conductor de protección.
20. c) 30 mA y de clase A.
21. e) Libro de Mantenimiento.
22. d) Instalaciones generadoras.
23. c) 0,86

Prevención de riesgos laborales. Riesgos laborales específicos en las funciones del electricista. Medidas de protección individuales y colectivas.

PREVENCIÓN DE RIESGOS LABORALES

A. Concepto y Definiciones

En el artículo 4 de la Ley 31/1995 de Prevención de Riesgos Laborales aparecen una serie de definiciones que sirven de base y principio para cualquier análisis o estudio sobre la materia. A continuación, vamos a señalarlas, indicando entre comillas el texto literal de la Ley:

- **Prevención:** se entiende como tal "el conjunto de actividades o medidas adoptadas o previstas en todas las fases de actividad de la empresa con el fin de evitar o disminuir los riesgos derivados del trabajo".

- **Riesgo laboral**: se define como "la posibilidad de que un trabajador sufra un determinado daño derivado del trabajo. Para calificar un riesgo desde el punto de vista de su gravedad, se valorarán conjuntamente la probabilidad de que se produzca el daño y la severidad del mismo".

- **Daños derivados del trabajo** son "las enfermedades, patologías o lesiones sufridas con motivo u ocasión del trabajo."

- **Riesgo laboral grave e inminente**: es "aquel que resulte probable racionalmente que se materialice en un futuro inmediato y pueda suponer un daño grave para la salud de los trabajadores".

- "Se entenderán como procesos, actividades, operaciones, equipos o productos **"potencialmente peligrosos"** aquellos que, en ausencia de medidas preventivas *específicas, originen riesgos para la seguridad y la salud de los trabajadores que los desarrollan o utilizan".*

- **Equipo de trabajo**: *es "cualquier máquina, aparato, instrumento o instalación utilizada en el trabajo".*

- **Condición de trabajo**: *se entiende como tal "cualquier característica del mismo que pueda tener una influencia significativa en la generación de riesgos para la seguridad y la salud del trabajador".*

- Equipo de protección individual: es "cualquier equipo destinado a ser llevado o sujetado por el trabajador para que le proteja de uno o varios riesgos que puedan amenazar su seguridad o su salud en el trabajo, así como cualquier complemento o accesorio destinado a tal fin".

La prevención es una actitud, normalmente ha de estar recogida dentro del *Manual de Prevención de Riesgos Laborales* de la empresa a la que pertenece el trabajador, e implica cuestiones de sentido común como llevar casco en determinadas zonas de la obra o llevar un determinado arnés de protección contra caídas en altura. Los riesgos laborales son múltiples, y dependen de la actividad que realice el trabajador. En el ejemplo propuesto, los riesgos van desde posibles caídas o golpes accidentales, como cortes, heridas provocadas por las herramientas de trabajo, etc. Todos estos riesgos han de estar definidos y señalados en el ya mencionado *Manual de Prevención de Riesgos Laborales* de la empresa. Este manual respondería al Plan de Prevención de Riesgos Laborales que la ley obligó tener al empresario, y uno de los requisitos previos para la elaboración del mismo es la evaluación de riesgos laborales. Los daños derivados del trabajo serían los efectos derivados de dichos riesgos, como las heridas, lesiones óseas, etc. derivadas de posibles caídas, golpes, etc. en el transcurso. Un riesgo laboral grave e inminente se da, normalmente, en situaciones de riesgo elevado, como la utilización de determinadas herramientas de corte que, incluso con las precauciones pertinentes, son muy peligrosas. El hecho de que el obrero trabaje sobre vigas sin el cinturón y el arnés de protección, así como el casco, es una actividad potencialmente peligrosa. El equipo de trabajo se corresponde con las herramientas de trabajo, las máquinas que utiliza así como el uniforme, casco, etc. Dentro de las condiciones de trabajo pueden estar las condiciones climatológicas, ya que en temperaturas de extremo calor o extremo frío el obrero, que trabaja normalmente en el exterior, puede ver su salud afectada de forma significativa. También se consideraría la situación contractual del trabajador, ya que si no tiene regulada su situación y le falta información y formación en Riesgos Laborales, es más probable que sufra accidentes y que asuma situaciones potencialmente más peligrosas para mantenerse en su puesto de trabajo. El equipo de protección individual estaría compuesto por el casco, el mono, los guantes, el cinturón y el arnés de seguridad, las botas de trabajo, etc. Además, es importante definir también el concepto de accidente de trabajo. Se define como los daños o lesiones que sufre el trabajador por cuenta ajena mientras cumple con sus obligaciones contractuales, tanto dentro de su lugar de trabajo, como mientras realiza alguna misión que le ha sido encomendada. A esta definición general, se le añaden otros supuestos que también han de considerarse como accidentes de trabajo. Los principales son:

- *"Accidente in itinere"*: aquel que se produce mientras el trabajador se desplaza de su lugar de residencia al de trabajo, o viceversa.
- Aquellos accidentes que ocurran mientras el trabajador realiza tareas que se le han encomendado aunque no estén dentro de sus obligaciones contractuales.
- Enfermedades contraídas o agravadas, con motivo de la realización de su trabajo, y que no estén incluidas dentro de la lista de enfermedades profesionales.

Asimismo, también se pueden considerar accidente de trabajo aquellos debido a "culpa civil o criminal del empresario, de un compañero de trabajo o de un tercero" si están relacionados con el trabajo. Por otro lado, no se consideran accidente de trabajo aquellos daños producidos como consecuencia de los siguientes supuestos:

- Fuerza mayor (inclemencias climatológicas, desastres naturales, etc.)
- Imprudencia temeraria del trabajador

En la página del Instituto Nacional de Seguridad e Higiene en el Trabajo (organismo científico-técnico de la Administración General del Estado) se encuentran disponibles un amplio listado de guías técnicas, de evaluación de riesgos por actividad, y orientativas para la selección y utilización de Equipos de Protección Individual (EPI), entre otras guías. En estas guías se explican de forma orientativa, y no vinculante, la normativa y los reglamentos derivados de la Ley de Prevención de Riesgos Laborales.

B. Ventajas y Repercusiones económicas de la implantación de un Sistema de Prevención de Riesgos laborales:

- Asegura el cumplimiento por parte de la empresa de la legislación aplicable en lo referente a prevención de riesgos laborales.
- Reduce el número de accidentes de trabajo.
- Reduce así mismo las enfermedades laborales.
- Las bajas por enfermedad disminuyen.
- Maximiza la gestión de recursos humanos.
- Genera aumento de productividad para la empresa que lo aplica.
- Favorece las relaciones entre el personal laboral y de este con la propia empresa.
- De igual forma, las relaciones con las Administraciones Públicas y con el resto de la sociedad, se ven favorecidas mediante un Sistema de Prevención de Riesgos laborales.

-Aspectos Económicos: El no establecer un Sistema de Gestión de la prevención de Riesgos Laborales lleva consigo una serie de costes para la empresa. Estos costes tanto humanos como materiales son:

-Costes humanos: Falta de motivación de los trabajadores, daños físicos y psicológicos.

-Costes ocultos: Pérdida de cuota de mercado o la imagen de la empresa, incidencias sobre la producción, desgaste psicológico de los trabajadores y personal con mayor responsabilidad dentro de la empresa.

-**Costes sociales:** Petición de la sociedad de protección frente a los posibles riesgos laborales, inestabilidad del clima laboral.

-**Costes económicos:** El trabajador pierde jornadas laborales y ve disminuido su poder adquisitivo debido a la baja, se producen daños materiales en equipos e instalaciones, surge absentismo laboral, la empresa incumple la legislación vigente en prevención de riesgos laborales con lo que recibe sanciones administrativas y de responsabilidad civil o penal, disminuye su productividad, y por último las compañías aseguradoras aumentan en gran cuantía las primas de seguros. Por tanto, la Gestión de la Prevención de Riesgos Laborales además de tener un significado ético y legal para la empresa, posee un gran sentido económico ya que la ausencia de un Sistema de prevención lleva inherentes unos altos costes materiales y financieros. Un Sistema de Prevención dota a la empresa de una mayor ventaja competitiva en el mercado y mejora su imagen frente al consumidor, además, su productividad se incrementa gracias al mejor aprovechamiento de su capital tanto humano como material.

C. Factores de Riesgo

Para poder llevar a cabo un plan de prevención de riesgos es necesario partir de la identificación de cuáles son esos riesgos de la actividad laboral. Evidentemente éstos dependerán de la naturaleza de la empresa y la actividad a la que se dedique, de sus centros de trabajo y el proceso de producción que tenga. Reconocer las situaciones de riesgo es fundamental para desarrollar acciones preventivas eficaces.

Según International Training Centre, *factor de riesgo es el elemento o conjunto de elementos que, estando presentes en las condiciones de trabajo, pueden desencadenar una disminución en la salud del trabajador.*

Según su origen, los factores de riesgo se pueden clasificar en 5 grupos:

- Condiciones de seguridad: aspectos materiales del trabajo que pueden dar lugar a accidentes como maquinaria, equipos y el propio lugar de trabajo
- Medio ambiente físico de trabajo: radicaciones, ruidos, ventilación, humedad.
- Contaminantes químicos y biológicos: aerosoles, vapores, virus, polen.
- Carga de trabajo, ya sea física (cargas pesadas, estáticas o en movimiento) o psíquicas (responsabilidades, monotonía).
- Organización del trabajo, derivados de la organización del trabajo: jornadas, relaciones personales, estilo de mando.

Normalmente no se tiene sólo un factor de riesgo sino que conviven varios al mismo tiempo y para poder realizar un estudio de estos factores no se puede llevar a cabo por un único profesional. Las disciplinas o técnicas específicas de la prevención de riesgos laborales en las que existen especialistas y en las que normalmente se agrupan estos riesgos son:

- **Seguridad Laboral**

Su función es evitar los accidentes de trabajo que aparecen por las malas condiciones de seguridad en el trabajo. Prevenir los factores de riesgo (mediante la creación de medidas, normas y señales) y buscar el origen del accidente son sus dos funciones fundamentales.

- **Higiene Industrial**

Se desarrolla en el medio ambiente físico, en el lugar de trabajo, evitando los contaminantes que pueden afectar a la salud de los trabajadores. Es una disciplina de prevención de exposición a contaminantes biológicos y químicos.

- **Ergonomía y Psicosociología aplicada**

La Psicosociología actúa sobre los factores psíquicos y sociales y la Ergonomía trata de evitar los efectos negativos en la salud por las malas condiciones de trabajo. Su función es conseguir un trabajo más seguro y eficaz adaptando el trabajo a las condiciones fisiológicas y psicológicas de las personas. Aquí entra desde la disposición de la luz hasta las relaciones entre compañeros.

- **Medicina del Trabajo**

Es una especialidad médica enfocada a patologías derivadas directamente del entorno laboral. Tiene tanto una función curativa como una función preventiva o protectora. También se encarga de adaptar el trabajo al hombre y de mejorar las condiciones de trabajo.

D. Evaluación y Análisis de Riesgos

Según el Artículo 16 de la Ley de Prevención de Riesgos Laborales, es una obligación legal para el empresario el realizar una Evaluación de los Riesgos Laborales en su empresa. Según la ley, todo empresario debe:

- Planificar la acción preventiva a partir de una evaluación inicial de los factores de riesgo.
- Evaluar los riesgos a la hora de elegir los equipos de trabajo, sustancias o preparados químicos y del acondicionamiento de los lugares de trabajo.

Esta obligación ha sido desarrollada en el capítulo II, artículos 3 al 7 del Real Decreto 39/1997, Reglamento de los Servicios de Prevención. Por lo tanto, toda prevención de riesgos laborales se basa en la identificación, análisis y evaluación de factores de riesgo, y sobre esta base, llevar a cabo medidas necesarias para controlarlos. Esta evaluación se debe hacer en todos y cada uno de los puestos de trabajo y ha de ser completamente independiente y objetiva. En función de los resultados de este análisis, se estudiará la necesidad de adoptar medidas preventivas en el origen, de organización, de protección colectiva o individual y de formación e información a los trabajadores.

Las evaluaciones deberán revisarse periódicamente con una periodicidad acordada entre empresa y trabajadores y ha de quedar bien documentada para cada puesto de trabajo. Hay que recordar que la evaluación es un proceso dinámico y se deberá revisarse cuando así se requiera:

- Cuando se detecten daños a la salud de los trabajadores
- Cuando las actividades de prevención implantadas hayan sido inadecuadas o insuficientes
- Cuando haya habido cambios en las condiciones de trabajo, en el puesto de trabajo, un cambio de sede.
- Cuando haya nuevas incorporaciones de personal, de maquinaria, de sustancias químicas o materia prima, introducción de nuevas tecnologías.

La evaluación puede realizarla el propio empresario, un departamento interno de la empresa especializado (específicamente los delegados de prevención), o se puede recurrir a una empresa externa si se necesitan mediciones y controles específicos o conocimientos especializados. La elección dependerá de la naturaleza y de la actividad de la empresa.

Cómo se hace: Existen varios tipos de evaluaciones atendiendo a las normas a las que se ajustan. Las evaluaciones de riesgos se pueden agrupar en cuatro grandes bloques:

- Evaluación de riesgos ajustados a los criterios de la legislación específica.

- Evaluación de riesgos para los que no existe legislación específica pero que están establecidas en normas internacionales, europeas, nacionales (Normas ISO-UNE) o en guías de Organismos Oficiales u otras entidades de reconocido prestigio (Institutos, Ministerios, Comunidades Autónomas).

- Evaluación de riesgos que precisa métodos especializados de análisis, especialmente cuando se trata de ámbitos de alto riesgo (incendios, explosiones y accidentes graves).

- Evaluación general de riesgos, que engloba cualquier riesgo no contemplado anteriormente.

Un proceso general de evaluación de riesgos (el último de los casos anteriores) se compone de las siguientes etapas:

- Clasificación exhaustiva de las actividades de trabajo, incluyendo información sobre trabajadores expuestos

- Análisis de riesgos:

- Identificación de peligros: instalaciones, maquinaria, herramientas, distancias, materiales utilizados.

- Estimación del riesgo

- Severidad del daño
- Probabilidad de que ocurra.

- Valoración de riesgos: decidir si los riesgos son tolerables y determinar la urgencia de acciones preventivas.

- Preparar un plan de control de riesgos. Planificar las medidas de control.

- Revisar el plan. Comprobar la efectividad de las medidas adoptadas, ver si existen efectos secundarios, la opinión de los trabajadores, y decidir una periodicidad para su revisión.

- Dejar constancia de la evaluación. Darle un formato de acuerdo a unos modelos determinados.

Tabla ilustrativa del Ministerio de Trabajo que se utiliza para decidir la tolerancia y urgencia de acciones preventivas:

TIPOS DE RIESGOS Y ACCIÓN Y DISTRIBUCIÓN A TOMAR

Trivial

No se requiere acción específica.

Tolerable

No se necesita mejorar la acción preventiva. Sin embargo se deben considerar soluciones más rentables o mejoras que no supongan una carga económica importante. Se requieren comprobaciones periódicas para asegurar que se mantiene la eficacia de las medidas de control.

Moderado

Se deben hacer esfuerzos para reducir el riesgo, determinando las inversiones precisas. Las medidas para reducir el riesgo deben implantarse en un período determinado. Cuando el riesgo moderado está asociado con consecuencias extremadamente dañinas, se precisará una acción posterior para establecer, con más precisión, la probabilidad de daño como base para determinar la necesidad de mejora de las medidas de control.

Importante

No debe comenzarse el trabajo hasta que se haya reducido el riesgo. Puede que se precisen recursos considerables para controlar el riesgo. Cuando el riesgo corresponda a un trabajo que se está realizando, debe remediarse el problema en un tiempo inferior al de los riesgos moderados.

Intolerable

No debe comenzar ni continuar el trabajo hasta que se reduzca el riesgo. Si no es posible reducir el riesgo, incluso con recursos ilimitados, debe prohibirse el trabajo.

RIESGOS LABORALES ESPECÍFICOS DEL ELECTRICISTA

A. Peligros derivados de la electricidad

Se denomina accidente eléctrico al hecho de recibir una sacudida o descarga eléctrica, con o sin producción de daños materiales y/o personales. Los contactos con la electricidad se clasifican en directos e indirectos:

Contactos directos: Se produce cuando una persona toca o se pone en contacto involuntario o accidentalmente con un conductor, instalación elemento eléctrico, máquina, enchufe, portalámparas, etc., bajo tensión directa.

B. Efectos derivados del contacto directo con la Electricidad

Efectos inmediatos:

- Efectos térmicos:

Quemaduras por arco.

Quemaduras por contacto: Son producidas por la energía liberada al paso de la corriente. La gravedad de la lesión depende del órgano afectado.

- Efectos musculares:

Calambres.

Contracciones musculares.

Tetanización de músculos: Movimiento incontrolado de los músculos como consecuencia del paso de la corriente eléctrica. Esta anulación de la capacidad del control muscular es la que impide la separación del punto de contacto.

Muerte por fibrilación ventricular: Consiste en un movimiento anárquico del corazón, que deja de enviar sangre a los distintos órganos y, aunque esté movimiento, no sigue su ritmo normal de funcionamiento. Es la principal causa de muerte por choque eléctrico.

Inhibición de centros nerviosos (paro respiratorio, asfixia): Se presenta cuando la corriente atraviesa el tórax, impidiendo la contracción de los músculos de los pulmones, y por tanto, la respiración, ocasionando el paro respiratorio. En casos extremos puede producir la muerte.

Efectos secundarios:

- Precoces:

Cerebral o embolia: Obstrucción de una arteria o vena por un cuerpo extraño (denominado émbolo) circulante por la sangre y que puede ser origen externo o proceder a un trombo.

Motor.

Circulatorios (gangrenas).

Problemas renales: Paralización de la acción metabólica de los riñones. Producida por los efectos tóxicos de las quemaduras.

- **Tardíos:**

Neuróticos.

Trastornos mentales.

C. Efectos derivados del contacto indirecto con la electricidad

Caídas.

Golpes contra objetos.

Cortes.

Quemaduras al golpear o tocar elementos no protegidos.

D. Factores que intervienen en un accidente

En el accidente eléctrico influyen distintos factores como son:

- **Intensidad de la corriente eléctrica:** es la causa determinante de la gravedad de las lesiones, a mayor intensidad mayor efecto sobre el cuerpo humano.

-**Resistencia a la electricidad de la persona:** la resistencia de la piel disminuye cuando aumenta la intensidad de la corriente siendo mayor el riesgo de lesiones para el cuerpo humano. A mayor humedad de la piel menor resistencia.

- **Frecuencia de la corriente:** Si entramos en contacto con la corriente eléctrica la frecuencia con la que está circule por la red al entrar en contacto con nuestro cuerpo, hará que las lesiones ocasionadas en nuestro cuerpo sean de mayor o menor grado.

Recorrido de la corriente: Los recorridos más peligrosos de la corriente eléctrica a su paso por el cuerpo humano son:

- Manos - Pies del lado contrario
- Mano - Cabeza
- Mano derecha - Tórax

- **Tiempo de exposición al paso de la corriente**

E. Medidas preventivas contra los contactos indirectos

-**Separación de circuitos:** Este sistema de protección consiste en separar los circuitos de la utilización de la fuente de energía por medio de transformadores o grupos convertidores, manteniendo aislados de tierra todos los conductores del circuito de utilización incluido el neutro.

- **Pequeñas tensiones de seguridad:** Este sistema consiste en la utilización de pequeñas tensiones de seguridad. Estas tensiones serán de 24 voltios, valor eficaz, para locales o emplazamientos húmedos o mojados, y 50 voltios en emplazamientos o lugares secos.

- **Aislamiento de protección doble aislamiento:** Este sistema de protección consiste en el empleo de materiales que dispongan de aislamiento de protección y reforzado entre sus partes activas y sus masas accesibles. Ej.: pequeños electrodomésticos.

- **Inaccesibilidad simultánea de elementos conductores y masas:** Este sistema de protección consiste en disponer las masas y los elementos conductores de tal manera que no sea posible, en circunstancias habituales, tocar simultáneamente o involuntariamente una masa y un elemento conductor.

- **Recubrimientos de las masas con aislamiento de protección:** Este sistema de protección consiste en recubrir las masas con un aislamiento equivalente a un aislamiento de protección. Las pinturas, barnices, lacas y productos similares, no tienen las cualidades requeridas para poder constituir tal aislamiento.

- **Conexiones equipotenciales:** Este sistema consiste en unir todas las masas de la instalación a proteger, entre sí y los elementos conductores simultáneamente accesibles, para evitar que pueda aparecer, en un momento dado, diferencias de potencial peligrosas, entre ambos. Este sistema está indicado para los locales o emplazamientos mojados.

- **Interruptor diferencial:** Aparato de protección que es obligatorio colocar en todas las instalaciones y que tiene como misión interrumpir el circuito cuando se produzca una derivación en la instalación o en algún aparato, evitando de esta forma cualquier accidente de las personas.

F. Medidas preventivas contra los contactos Directos

- **Alejamiento de partes activas de la instalación:** Consiste en alejar las partes activas de la instalación a una distancia tal donde las personas habitualmente se encuentran o circulan que sea imposible un contacto fortuito con las manos, o por la manipulación de objetos conductores, cuando estos se utilicen habitualmente cerca de la instalación.

-Interposición de obstáculos, barreras o envolventes: Consiste en la interposición de obstáculos que impidan todo contacto accidental con las partes activas de la instalación. Los obstáculos de protección deben estar fijados en forma segura y resistir a los esfuerzos mecánicos usuales que pueden presentarse en su función. Si los obstáculos son metálicos y deben ser considerados como masas, se aplicara una de las medidas previstas contra los contactos indirectos.

Recubrimiento de las partes activas: Esta medida de protección consiste en el recubrimiento de las partes activas de la instalación por medio de un aislamiento apropiado, capaz de conservar sus propiedades con el tiempo, y que limite la corriente de contacto a un valor no superior a 1 miliamperio. (No servirá a tal efecto pinturas, barnices y lacas).

G. Equipos de protección individual

La utilización de un buen Equipo de Protección Individual no dispensa en ningún caso de la obligación de emplear los medios de protección Colectivos. Los Equipos de Protección Individual deberán permitir la realización del trabajo sin molestias innecesarias para quien lo efectúe.

Ropa de Trabajo: La ropa de trabajo deberá ser incombustible. Se prohibirá el uso de pulseras, cadenas, collares metálicos y anillos, por el riesgo de contacto eléctrico accidental que entrañan. La ropa de trabajo deberá llevar el pictograma correspondiente en el que se indicará su resistencia frente al calor y las llamas.

Protección de la cabeza: Los cascos de seguridad deberán ser de material aislante y estar ensayados bajo tensión eléctrica para demostrar que protegen al trabajador frente a descargas eléctricas. En los cascos deberá indicarse la tensión a la que es capaz de ejercer resistencia.

Gafas de protección ocular: Estas deberán reducir lo mínimo posible el campo visual del trabajador y serán de uso individual. Existen tres tipos de gafas según el riesgo del que protejan.
-Protección contra choque o impacto de partículas.
-Proyección o salpicadura de metales fundidos.
-Radiaciones ultravioletas: Estos EPIs que protegen frente al efecto de las radiaciones no ionizantes, deberán absorber o reflejar la mayor parte de la energía radiada, haciendo que esta no supere nunca el valor límite de exposición.

Guantes aislantes: Deberán proteger contra los efectos de la corriente eléctrica, y deberán tener un grado de aislamiento adecuado a los valores de las tensiones a las que el usuario pueda exponerse en las condiciones más desfavorables predecibles.

Botas: Se deberán utilizar calzado aislante sin ningún elemento metálico para evitar el paso y el contacto con la corriente eléctrica.

H. Herramientas: Las herramientas manuales para realizar trabajos en instalaciones de baja tensión, deberán estar protegidas por un aislamiento de seguridad. Estas herramientas deben llevar indicada en su cubierta protectora la tensión de utilización correspondiente.

Antes de cualquier trabajo: Una vez identificada la zona y los elementos de la instalación donde se va a realizar el trabajo, y salvo que existan razones esenciales para hacerlo de otra forma, deberás seguir estas recomendaciones:

1. DESCONECTAR
2. PREVENIR CUALQUIER POSIBLE REALIMENTACIÓN
3. VERIFICAR LA AUSENCIA DE TENSIÓN.
4. PONER A TIERRA Y EN CORTOCIRCUITO.

Únicamente podrán realizarse con las instalaciones en tensión:

1. OPERACIONES ELEMENTALES COMO CONECTAR Y DESCONECTAR EN INSTALACIÓN DE BAJA TENSIÓN.

2. LOS TRABAJOS EN INSTALACIONES CON TENSIÓN DE SEGURIDAD.

3. LAS MANIOBRAS, MEDICIONES, ENSAYOS Y VERIFICACIONES CUYA NATURALEZA ASÍ LO EXIJA.

4. TRABAJOS EN PROXIMIDAD DEI NSTALACIONES CUYAS CONDICIONES DE EXPLOTACIÓN O DE CONTINUIDAD DEL SUMINISTRO ASÍ LO REQUIERA.

I. Señalización y avisos de prevención de seguridad eléctrica

- **Objetivo:** Establecer un sistema de señalización que dé uniformidad a las características de las señales y avisos utilizados para la protección, que permita a la población una mayor familiaridad con las formas, colores y símbolos informativos de prevención, prohibitivos y de obligación, conforme a la normatividad existente.

- **Campo de aplicación:** Se aplica a los lugares públicos y/o privados en relación con la prevención de los riesgos, acorde con las características y condiciones del lugar y donde exista concentración de personas.

-**Clasificación:** La clasificación de las 4 señales de protección, se basa en el significado siguiente:

-**Señales informativas:** Las señales informativas son las que se utilizan para guiar al usuario y proporcionar recomendaciones que deben observar.

-**Señales preventivas**

Las señales preventivas son las que tienen por objetivo advertir al usuario de la existencia y la naturaleza de un riesgo.

-Señales prohibitivas o restrictivas

El propósito de las señales prohibitivas o restrictivas es indicar las acciones que no se deben ejecutar.

-Señales de obligación

Las señales de obligación se utilizan para imponer la ejecución de una acción determinada, a partir del lugar donde se encuentra la señal, en el momento de visualizarla. Las señales y los avisos deben ser entendibles para cualquier persona; en su elaboración se debe utilizar el mínimo texto, para reforzar en su caso a las señales. Se debe evitar el uso excesivo de señales y avisos de seguridad para no disminuir su función de   prevención según las características y condiciones del lugar. De manera permanente se debe orientar a los usuarios de los inmuebles acerca de la interpretación de los mensajes contenidos en señales y avisos, así como de las acciones que se deben realizar.

- Ejemplos de señalizaciones:

Para indicar el voltaje sobre armarios eléctricos o bloques técnicos

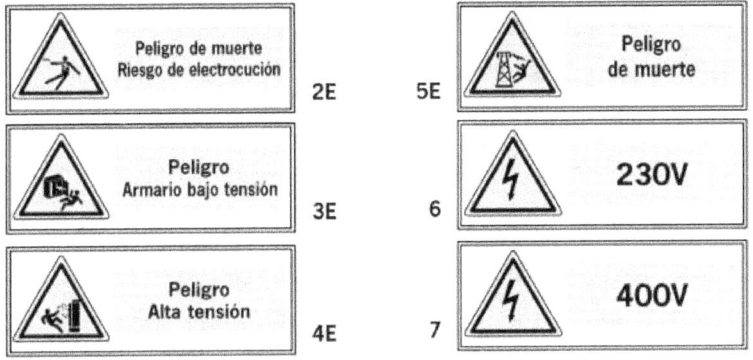

Normativa general

1. Ordenanza General de Seguridad e Higiene en el Trabajo.
2. Reglamento Electrotécnico para Baja Tensión.
3. Reglamento sobre Condiciones Técnicas y Garantías de Seguridad en Centrales Eléctricas, Subestaciones y Centros de Transformación.
4. Reglamento Técnico de Líneas Eléctricas Aéreas de Alta Tensión.

MEDIDAS DE PROTECCIÓN INDIVIDUALES Y COLECTIVAS

A. Normalización

La implantación de un Sistema de Gestión de la seguridad y salud en el trabajo, supone una contribución a la mejora en cuanto a condición y factores que afectan al bienestar del entorno físico de una empresa. Este Sistema y cómo implantarlo viene recogido en dos normas, las cuales presentan semejanzas con las normas ISO 9000 e ISO 14001. Estas normas son:

-UNE 81900

-OHSAS 18001

La norma UNE fue publicada por la Asociación Española de Normalización y Certificación (AENOR) un año después de la aprobación de la Ley de Prevención de Riesgos Laborales.

Esta norma muestra todas las pautas e información necesaria para implantar un Sistema de Gestión en Prevención de Riesgos Laborales, es decir, a partir de una evaluación de riesgos, ofrece una planificación definiendo previamente unos objetivos y metas, y además ofrece la documentación metodológica necesaria para garantizar la prevención de los riesgos encontrados en todas las actividades de la organización.

La Norma UNE se caracteriza por:

- Muestra un Sistema de Gestión en Prevención de Riesgos Laborales equilibrado y sencillo, de fácil adaptación a cualquier empresa.
- Posee un carácter imperativo, no son sugerencias o recomendaciones, ya que se audita en base a ella.
- Permite la certificación de modelos integrados debido a las semejanzas con las Normas de calidad ISO 9001 y las de medio ambiente 14001.

El desarrollo y evolución de la Norma comprende:

- UNE 81900:1996 EX: Prevención de Riesgos Laborales. Reglas generales para la implantación de un SGPRL (AENOR, 1996a).
- UNE 81901:1996 EX: Prevención de Riesgos Laborales. Reglas generales para la evaluación de los SGPRL. Proceso de auditoría. /AENOR, 1996b).
- UNE 81902:1996 EX: Prevención de Riesgos Laborales. Vocabulario (AENOR, 1996c).
- UNE 81905:1997 EX: Prevención de Riesgos Laborales. Guía para la implantación de un SGPRL (AENOR, 1997c).

La especificación Técnica OHSAS 18001 establece las condiciones que ha de cumplir un Sistema de Gestión de Seguridad y salud en el trabajo para reorientar a las organizaciones y garantizar la seguridad y salud de los trabajadores así como la optimización del resto de su sistema.

La organización que implanta un Sistema de Gestión de seguridad y salud laboral mediante la Norma OHSAS 18001 tiene la garantía de que:

- Cumple con la legislación vigente en materia de Prevención.
- Establece un proceso continuo de mejora de su Sistema de Gestión de la seguridad y salud en el trabajo.
- Determina y mantiene una capacidad de respuesta ante imprevistos.
- Facilita la asignación de los recursos en la organización.
- Busca la mejora continua de la organización mediante la evaluación de los resultados respecto a los objetivos y política anteriormente establecida.
- Revisa y audita el Sistema.

Las especificaciones técnicas OHSAS en materia de prevención son:

-OHSAS 18001: 1999: Establece los requisitos que debe cumplir un Sistema de Gestión de seguridad y salud en el trabajo.

-OHSAS 18002: 2000: Profundiza en la Especificación técnica OHSAS 18001, su objetivo es facilitar la comprensión del contenido de la misma.

La relación de la normativa de Prevención de Riesgos Laborales con las normas de gestión medioambiental, es muy alta y va más allá de sus posibles semejanzas de estructura o planteamientos. Hemos de tener presente que un riesgo laboral se convierte o puede convertirse en un impacto medioambiental dentro de la organización.

B. Implantación de un programa de Prevención

Una vez que hemos recopilado toda la información, evaluado y analizado la situación de nuestra empresa, debemos reflejar en un documento las actividades y políticas preventivas y organizativas que llevaremos a cabo para la prevención de riesgos y para mejorar la seguridad. A este documento y a esta actividad se denomina Plan de Prevención. Este plan es completamente individualizado para cada empresa.

Para alcanzar una política de prevención de riesgos eficaz debemos:

- Establecer objetivos concretos y a los responsables de su consecución.
- Implantar métodos y procedimientos para alcanzar los resultados previstos.
- Validar las acciones en función de sus resultados y de si cumplen y mejoran la calidad y el control de los riesgos.

En resumen, se debe concretar el qué, quién, cómo y cuándo, y documentarlos para poder evaluarlos después.

El Plan de Prevención se compone de los siguientes apartados:

- Evaluación de Riesgos: recopilación de información y diagnóstico de la situación.
- Definición de los objetivos, teniendo en cuenta todos y cada uno de los puestos de trabajo (y trabajadores) y los factores de riesgo que los rodean.
- Establecimiento de recursos materiales, económicos y humanos.
- Asignación de tareas, funciones y responsabilidades.

- Detalle de acciones y actuaciones a llevar a cabo: información, formación, simulacros de emergencias, revisiones médicas, registro de incidentes.
- Seguimiento, revisión y actualización del plan.

Es muy importante que el Plan de Prevención se revise periódicamente, en función de las características y naturaleza de la empresa y de los cambios que hayan acontecido en ella. Recordemos que el Plan de Prevención está íntimamente ligado a la Evaluación de Riesgos, que es un procedimiento dinámico y periódico.

C: Responsables de Información y Formación en la empresa

El derecho a la información, formación y comunicación, y el derecho a consultar y participar en la compañía en los asuntos relacionados con la seguridad se canalizan en la empresa a través de dos figuras:

- El Delegado de Prevención.
- El Comité de Seguridad y Salud.

El **Delegado de Prevención** es el representante de los trabajadores en materia de seguridad y salud en el trabajo. Es una nueva figura legal con funciones y competencias específicas en asuntos relacionados con la prevención de riesgos, que hasta ahora quedaban en manos del empresario. El número de delegados en la empresa viene determinado por el número de trabajadores. Las competencias del Delegado están recogidas en el artículo 36 de Ley de Prevención de Riesgos Laborales y son las siguientes:

- Colaborar con la dirección de la empresa en la mejora de la acción preventiva.

- Promover y fomentar la cooperación de los trabajadores en la ejecución de la normativa sobre prevención de riesgos laborales.

- Ser consultados por el empresario, con carácter previo a su ejecución, acerca de las decisiones a que se refiere el artículo 33 de la presente Ley.

- Ejercer una labor de vigilancia y control sobre el cumplimiento de la normativa de prevención de riesgos laborales.

El **Comité de Seguridad y Salud** estará presente en todas las empresas que cuenten con más de 50 empleados. Es un órgano paritario (formado por representantes de la empresa y delegados de prevención a partes iguales) y colegiado de participación destinado a la consulta regular y periódica de las actuaciones de la empresa en materia de prevención de riesgos. Se trata de un órgano consultivo, cuya única función ejecutiva es la de actuar en casos de riesgo grave e inminente.

Las competencias del Comité están reguladas en el artículo 39 de la Ley:

- Participar en la elaboración, puesta en práctica y evaluación de los planes y programas de prevención de riesgos en la empresa

- Promover iniciativas sobre métodos y procedimientos para la efectiva prevención de los riesgos, proponiendo a la empresa la mejora de las condiciones o la corrección de las deficiencias existentes

Todo plan de prevención y seguridad en el trabajo ha de comunicarse al resto de los trabajadores y los responsables han de preocuparse de que la información en materia preventiva llegue a todos los empleados. Son los Técnicos y los Delegados los encargados de los requerimientos de formación, información y comunicación. Ellos tienen que tener la habilidad de negociar la prevención con ambas partes: los trabajadores y la empresa. Para ello, es fundamental una alta capacidad de aprendizaje y de trabajo en equipo, así como ser buenos comunicadores.

La comunicación es eficaz cuando el empleado ha entendido el concepto de salud y seguridad, lo ha asimilado y lo ha tomado como propio. Hasta que el empleado no se sienta comprometido con la seguridad propia y de la empresa no podemos considerar eficaz el plan. La comunicación es tremendamente importante para que todos los niveles de la empresa conozcan y entiendan qué es un Sistema de Gestión de Prevención de Riesgos. Y los responsables de los distintos departamentos juegan un papel primordial. Si el flujo de información es bueno, se puede crear un clima de confianza, apertura interdepartamental y de comunicación vertical, es decir, hacia los estamentos superiores. Compartir ideas, compartir problemas, expresar objetivos, aceptación de cambios, facilidad para la modificación de rutinas, identificación de nuevas necesidades, son ventajas adicionales que se obtienen cuando existen canales eficaces de comunicación. La documentación y complejidad de la información que se crea va en función del tamaño y actividad empresarial. También es importante la peculiaridad de cada centro de trabajo y de las características de las personas que allí trabajan.

D. Legislación: Normativa Internacional y Comunitaria

En la página Web del Instituto Nacional de Seguridad e Higiene en el Trabajo, perteneciente al Ministerio de Trabajo y Asuntos Sociales se pueden encontrar todas las referencias existentes en esta materia. Incluye un apartado con la lista por orden cronológico de todos los textos legales relativos a la Prevención de Riesgos Laborales. Los principales textos en la Prevención de Riesgos Laborales son:

- Ley 31/95 de Prevención de Riesgos Laborales
- Reglamento de los Servicios de Prevención (R.D. 39/97)
- Reglamentos específicos:

- Accidentes graves (R.D. 1254/1999)

- Actividades: relación de los distintos textos legales en función del sector de actividad a que se dedique la empresa.

- Exposición a agentes biológicos (R.D. 664/97)

- Exposición a agentes cancerígenos (R.D. 665/97)

- Utilización de equipos de protección individual (R.D. 773/97)

- Utilización de equipos de trabajo (R.D. 1215/97)

- Ergonomía: textos relativos a la manipulación manual de Cargas (R.D. 487/1997), y a las pantallas de visualización (R.D. 488/1997).

- Formación

- Higiene

- Lugares de Trabajo (R.D. 486/97)

- Medicina (R.D. 1995/1978)

- Mercancías peligrosas (R.D. 2115/1998)

- Obras de construcción (R.D. 1627/97)

- Principios: relación de disposiciones de carácter básico que regulan la materia

- Residuos (R.D. 937/1989)

- Seguridad

- Señalización (R.D. 485/97)

- Servicios de prevención

- Substancias químicas: legislación sobre el etiquetado, tratamiento de residuos, almacenamiento, transporte, etc. de las substancias químicas

- Varios: otras disposiciones

- Ley 54/2003, de 12 de diciembre, de reforma del marco normativo de la prevención de riesgos laborales.

- R.D. 171/2004, de 30 de enero, por el que se desarrolla el artículo 24 de la Ley 31/1995, de 8 de noviembre, de Prevención de Riesgos Laborales, en materia de coordinación de actividades empresariales.

E. Nuevas vías de Progreso

La Comisión Europea dentro de su comunicado: "Cómo adaptarse a los cambios en la sociedad y en el mundo del trabajo: una nueva estrategia comunitaria de salud y seguridad (2002-2006)" ha definido las llamadas *"Nuevas vías de progreso"* en Prevención de Riesgos Laborales. Estas complementan la acción legislativa necesaria para el establecimiento de normas, ya que son instrumentos que promueven el progreso en prevención, sirven para la adopción de posiciones dinámicas y vanguardistas en la consecución de los objetivos de aplicar un Sistema de Prevención, sobre todo en los ámbitos para los que no existe un enfoque normativo claro por su novedad.

La Comisión apoyará las siguientes acciones al respecto:

1. En primer lugar, *la elevación comparativa e identificativa de ejemplos de mejores prácticas*. Es un instrumento cuyos objetivos son:

- Favorecer la convergencia en el desarrollo de Políticas de los Estados Miembros.
- Facilitar la delimitación de fenómenos emergentes, como el estrés, trastornos músculo esqueléticos o la repercusión de dependencias como el alcohol, los medicamentos y las drogas.
- Desarrollar el conocimiento y seguimiento del "Coste de la falta de calidad", es decir, aspectos económicos como son los costes humanos y materiales.

2. *Acuerdos voluntarios concluidos por los interlocutores sociales*. Se busca favorecer y prevenir mediante el diálogo social algunos riesgos nuevos como el estrés.

3. *Responsabilidad social de las empresas*. En este apartado se hace una referencia al Libro Verde "Fomentar un marco europeo para la responsabilidad de las empresas", en el cual se destaca que la salud en el trabajo es uno de los ámbitos más privilegiados para la implantación de nuevas prácticas por parte de las empresas.

4. *Incentivos económicos*. La Comisión cree conveniente la aplicación sistemática de prácticas de incentivos económicos que llevan a cabo los aseguradores, tanto públicos como privados, mediante primas de seguros o contratos de prevención que incluyen la evaluación de riesgos, formación adaptada, asistencia técnica y ayudas al equipamiento.

AUTOEVALUACIÓN

Prevención de riesgos laborales. Riesgos laborales específicos en las funciones del electricista. Medidas de protección individuales y colectivas.

---

1. ¿En qué artículo de la Ley 31/1995 de Prevención de Riesgos Laborales aparecen una serie de definiciones que sirven de base y principio para cualquier análisis o estudio sobre la materia?

    a) 5
    b) 7
    c) 9
    d) 4
    e) 10

2. ¿Cuál de las siguientes definiciones corresponde a la Ley 31/1995 de Prevención de Riesgos laborales?

    a) Desorganización
    b) Cuidado intensivo
    c) Prevención
    d) Ninguna es correcta
    e) Todas son correctas

3. ¿Cuál de los siguientes elementos no corresponde al equipo de protección individual?

    a) Guantes
    b) Casco
    c) traje
    d) Botas de trabajo
    e) Todas son correctas

4. En la página Web de que organismo se puede encontrar un amplio listado de guías técnicas, de evaluación de riesgos por actividad, y orientativas para la selección y utilización de Equipos de Protección Individual (EPI).

a) Instituto Nacional de Seguridad e Higiene en el Trabajo.
b) Ministerio del Interior
c) Ministerio de Educación
d) Todas son correctas
e) Ninguna es correcta

5. Indicar cual enunciado corresponde a las Ventajas y Repercusiones económicas de la implantación de un Sistema de Prevención de Riesgos laborales:

a) Las bajas por enfermedad aumentan
b) Genera disminución de productividad para la empresa que lo aplica
c) Favorece las relaciones entre el personal laboral y de este con la propia empresa
d) Minimiza la gestión de recursos humanos
e) Ninguna es correcta.

6. Según su origen, los factores de riesgo se pueden clasificar cuantos grupos:

a) Ninguno
b) 10
c) 3
d) 5
e) 2

7. ¿Cuál de los siguientes es un factor de riesgo?

a) Organización del trabajo, derivados de la organización del trabajo: jornadas, relaciones personales, estilo de mando.
b) Contaminantes químicos y biológicos: aerosoles, vapores, virus, polen.
c) Desgano al realizar las tareas.
d) A y b son correctas.
e) Ninguna es correcta.

8. ¿Cuáles de las siguientes disciplinas corresponden a las disciplinas o técnicas específicas de la prevención de riesgos laborales?

a) Puesta a punto y Calibración.
b) Regulación y Control.
c) Seguridad Laboral e Higiene Industrial.
d) Todas son correctas.
e) Ninguna es correcta.

9. Según el Artículo 16 de la Ley de Prevención de Riesgos Laborales, es una obligación legal para el empresario el realizar una Evaluación de los Riesgos Laborales en su empresa. Según la ley, todo empresario debe:

a) Evaluar los riesgos a la hora de elegir los equipos de trabajo, sustancias o preparados químicos y del acondicionamiento de los lugares de trabajo.
b) No evaluar los riesgos a la hora de elegir los equipos de trabajo, sustancias o preparados químicos y del acondicionamiento de los lugares de trabajo.
c) Evaluar los riesgos a la hora de elegir los equipos de trabajo, sustancias o preparados químicos y del acondicionamiento de los lugares de esparcimiento.
d) Evaluar los riesgos a la hora de elegir los equipos de trabajo, sustancias o preparados químicos y del acondicionamiento de los lugares de recreación.
e) Ninguna es correcta.

10. ¿Cuál de las siguientes es un tipo de riesgo, según la tabla ilustrativa del Ministerio de Trabajo?

a) Magnífica
b) Intolerable
c) Perspicaz
d) Inocuo
e) Imberbe

11. ¿Qué es un accidente eléctrico?

a) Recibir un golpe o caída
b) Resbalar o tropezar
c) Recibir una descarga o sacudida eléctrica
d) Conectar mal un circuito eléctrico
e) Ninguna es correcta

12. Los tipos de contactos con la electricidad se clasifican en:
a) Indefinidos e incalificables
b) Directos e Indirectos
c) Calculables e Incalculables
d) Definidos e Indefinidos
e) Ninguna es correcta

13. ¿Cuál no es un efecto inmediato del contacto directo?
a) Quemaduras por arco
b) Calambres
c) Escalofríos
d) Muerte por fibrilación ventricular
e) Todas son correctas

14. ¿Cuál no es un efecto secundario del contacto directo?
a) Circulatorios
b) Motor
c) Cerebrales o embolia
d) Sinusitis
e) Resfríos

15. Cual es un efecto derivado del contacto indirecto
a) Calambres
b) Quemaduras al golpear o tocar elementos no protegidos
c) Sustos
d) Estornudos
e) ardor

16. ¿Cuál no es un factor que interviene en un accidente eléctrico?
a) Intensidad de la corriente eléctrica
b) Resistencia a la electricidad de la persona
c) Frecuencia de la corriente
d) Todas son correctas
e) Ninguna es correcta

17. Contra los contactos directos e indirectos ¿Qué medidas se deben adoptar?
   a) Coercitivas
   b) Preventivas
   c) Presentidas
   d) Descriptivas
   e) Sustantivas

18. ¿Cuál es el objetivo de las señales y avisos de prevención de seguridad eléctrica?
   a) Establecer un sistema de señalización que dé uniformidad a las características de las señales y avisos utilizados para la protección, que permita a la población una mayor familiaridad con las formas, colores y símbolos informativos de prevención, prohibitivos y de obligación, conforme a la normatividad existente.
   b) Establecer un sistema de señalización que no dé uniformidad a las características de las señales y avisos utilizados para la protección, que no permita a la población una mayor familiaridad con las formas, colores y símbolos informativos de prevención, prohibitivos y de obligación, conforme a la normatividad existente.
   c) Establecer un sistema de señalización que dé uniformidad a las características de las señales y avisos utilizados para la protección, que permita a la población una mayor familiaridad con las formas, colores y símbolos informativos de prevención, prohibitivos y de obligación, conforme a las inquietudes existentes.
   d) Establecer un esquema de señalización que dé uniformidad a las características de las señales y avisos utilizados para la protección, que permita a la población una mayor familiaridad con las formas, colores y símbolos informativos de prevención, prohibitivos y de obligación, conforme a las inquietudes existentes.
   e) Ninguna es correcta.

19. ¿Cuántas son Las clasificaciones de las señales de protección?
    a) 10
    b) 6
    c) 2
    d) 4
    e) 1

20. ¿Cuál de las siguientes corresponde a una de la Normativa General de prevención eléctrica?
    a) Reglamento de movimiento de materiales eléctricos.
    b) Reglamento Técnico de Líneas Eléctricas Aéreas de Alta Tensión.
    c) Reglamento sobre Condiciones Técnicas y Garantías de Seguridad en Centrales Eléctricas, Subestaciones y Centros de Transformación.
    d) b y c son correctas.
    e) Ninguna es correcta

21. ¿Cuáles son las dos Normas que regulan el Sistema de Gestión de la seguridad y salud en el trabajo?
    a) ISO 9000 e ISO 14001
    b) UNE 81900 y OHSAS 18001
    c) DIN 900 y UNE 41455
    d) ISO 7541 y UNE 21457
    e) ISO 9000 e ISO 2500

22. Una vez que hemos recopilado toda la información, evaluado y analizado la situación de nuestra empresa, debemos reflejar en un documento las actividades y políticas preventivas y organizativas que llevaremos a cabo para la prevención de riesgos y para mejorar la seguridad. A este documento y a esta actividad se denomina:
    a) Plan de Acción
    b) Plan de Ejecución
    c) Plan de Prevención
    d) Plan de Función
    e) Plan de interacción

23. El derecho a la información, formación y comunicación, y el derecho a consultar y participar en la compañía en los asuntos relacionados con la seguridad se canalizan en la empresa a través de dos figuras, indicar la correcta:
   a) El Delegado de Prevención y El Comité de Seguridad y Salud.
   b) El Delegado de Salud y El Comité de Prevención.
   c) El Delegado de Seguridad y El Comité de Salud.
   d) El Delegado de Prevención y El Comité de Salud.
   e) Ninguna es correcta.

SOLUCIONARIO

1. d) 4
2. c) Prevención
3. c) traje
4. a) Instituto Nacional de Seguridad e Higiene en el Trabajo
5. c) Favorece las relaciones entre el personal laboral y de este con la propia empresa
6. d) 5
7. d) A y b son correctas.
8. c) Seguridad Laboral e Higiene Industrial.
9. a)
10. b) Intolerable
11. b) Recibir una descarga o sacudida eléctrica
12. c) Directos e Indirectos
13. c) Escalofríos
14. d) Sinusitis
15. b) Quemaduras al golpear o tocar elementos no protegidos.
16. d) Todas son correctas
17. b) preventivas
18. a)
19. d) 4
20. d) b y c son correctas.
21. b) UNE 81900 y OHSAS 18001
22. c) Plan de Prevención
23. d) El Delegado de Prevención y El Comité de Seguridad y Salud.

Protección medioambiental. Nociones básicas sobre la contaminación medioambiental. Principales riesgos medioambientales relacionados a las funciones de la electricidad.

PROTECCIÓN MEDIOAMBIENTAL

Protección medioambiental

Terminología

Para lograr el desarrollo de una conciencia ambiental en el individuo, es necesario transmitir una serie de conceptos básicos que le permitan situarse en relación con el medio ambiente.

Medio ambiente: marco animado e inanimado en el que se desarrolla la vida de los seres vivos. Abarca seres humanos, animales, plantas, objetos, agua, suelo, aire y las relaciones entre ellos, así como los valores de estética, ciencias naturales e histórico-culturales.

Ecosistema: unidad claramente distinguible en la biosfera, por ejemplo, un bosque, estanque o río con sus pertenecientes plantas y animales (comunidad biótica). Sistema autorregulador que se mantiene por las interacciones entre los factores abióticos (o vivos) y los bióticos (vivos).

Ecología: ciencia que estudia las relaciones entre los seres vivos y su entorno abiótico (medio ambiente).

Flora: conjunto de especies vegetales que viven en un determinado lugar.

Fauna: conjunto de especies animales que viven en un determinado lugar.

Hábitat: territorio en el que vive una especie vegetal o animal.

Biodiversidad: término que designa la variedad de vida en la tierra. Puede describirse desde el punto de vista de los genes, las especies y los ecosistemas.

Contaminación: cualquier tipo de impurezas, materia o influencias físicas (como ruido y radiación) en un determinado medio y en niveles más altos de lo normal, que pueden ocasionar peligro o daño en el sistema ecológico.

Contaminante: sustancia no deseada que está presente en cualquier medio, impidiendo o perturbando la vida de los organismos y produciendo efectos nocivos a los materiales y al propio ambiente.

Emisión: expulsión, descarga de gases, líquidos o partículas al agua, suelo o aire.

Impacto: efecto que una determinada acción produce en el medio ambiente.

Vertido: corriente de desperdicios, ya sean líquidos, sólidos o gaseosos que se introducen en el medio ambiente.

Residuo: cualquier sustancia u objeto, del cual su poseedor se desprenda o del que tenga la intención u obligación de desprenderse.

Reciclaje: reintroducción de elementos o productos de desecho en la actividad industrial. Método utilizado para economizar materias primas y energías.

Energía renovable: energía que se obtiene de fuentes inagotables o renovables. En la energía renovable se emplea la fuerza del viento (eólica), agua (hidráulica), sol (energía solar), etcétera.

Además de estos términos básicos no nos podemos olvidar de **principios clave** que han influido notablemente en el sentido y comprensión del medio ambiente:

Desarrollo sostenible: término que aparece por primera vez en el Informe Brundtland, también conocido como "el futuro de todos" (Comisión mundial para el desarrollo del medio ambiente de Naciones Unidas, 1987) y lo define como aquel **desarrollo que satisface las necesidades del presente sin comprometer las necesidades de generaciones futuras**. El concepto será la clave de las políticas de medio ambiente de la CE y de la Declaración de Río-92 sobre Medio Ambiente y Desarrollo. Como se observa la definición de desarrollo sostenible queda en el aire si no se puntualiza qué se entiende por necesidades. La precisión es importante porque, aparte de incluir las necesidades básicas de alimentación, vestido, vivienda, educación y sanidad, pone en entredicho muchos de los objetivos de la sociedad de consumo occidental, que vendrían a ser superfluos en el supuesto de que el abuso de los recursos naturales para satisfacerlos pudiese llegar a agotarlos.

Quien contamina paga: viene recogido en el artículo 130R del Tratado de Maastricht, e implica que todo el que contamina debe pagar por el daño ecológico causado. Con arreglo a este principio los responsables de un acto de contaminación tienen que pagar los costes de prevención de la contaminación y de todas las medidas necesarias para eliminarla o reducirla a un nivel jurídicamente admitido.

Nociones básicas sobre contaminación ambiental

La consideración de los problemas ambientales ha cambiado mucho en estos últimos años. Lo que a mediados de este siglo era una minoritaria preocupación por las especies y los espacios, es hoy en día centro de un debate mundial sobre el futuro de la humanidad. Está claro que los problemas ambientales surgen del uso que hace la sociedad de los recursos naturales, y que la contaminación procede de formas de producción poco eficientes y de unos estilos de vida verdaderamente insostenibles. Sobre esta realidad está la de la situación social y ambiental de los "otros países", aquellos que aún tienen gran riqueza en biodiversidad y cuyos ciudadanos viven en situaciones no deseables. Estamos hablando entonces de problemas sociales: de la justicia, de la eficiencia, de la democracia. Se hace, por lo tanto, imprescindible la cooperación entre los Estados, en primer lugar, para erradicar la pobreza como requisito indispensable del desarrollo sostenible, y en segundo lugar mediante el intercambio de conocimientos y tecnologías, evitar y restaurar la degradación ambiental del planeta. Por otro lado, a nivel interno, los Estados deberán diseñar políticas medioambientales eficaces, que recojan los objetivos y prioridades en materia ambiental. Tales políticas, como bien establece el artículo 6 del Tratado de Ámsterdam, deberán integrarse en el resto de políticas sectoriales al objeto de que las consideraciones ambientales estén presentes en todos los ámbitos de la sociedad.

A. Causas de las principales amenazas y problemas ambientales que afectan a la sociedad

Es esencial involucrar a los ciudadanos en la problemática ambiental. Para ello necesitan una información precisa y actualizada de los principales problemas actuales y amenazas futuras (recogidos en el capítulo 10 del V Programa de actuación en materia de medio ambiente), enfocados primero desde una perspectiva global y dando luego una visión práctica y local.

Introducción en las causas de la contaminación atmosférica

La atmósfera es el recurso natural sobre el cual los problemas ambientales se hacen más palpables. Diariamente son emitidos a la atmósfera una gran cantidad de gases contaminantes. Los efectos que estos gases pueden producir en el planeta son muy diversos, tanto a escala local (lugar donde se produce la emisión) como a escala global. Ya en la I Revolución Industrial en Inglaterra se entendió que se debía proteger el medio y se promulgaron las primeras leyes para preservar la atmósfera de la contaminación del aire por los hornos de fundición, en la Inglaterra de 1821. Estas normativas introducían también la posibilidad de iniciar procesos de demanda y denuncia y ayuda a los damnificados. Mucho más tarde, en 1863, el Parlamento británico promulgó el "decreto alcalino", que exigía a determinados fabricantes la eliminación del 95% del ácido clorhídrico que vertían. Es importante este decreto porque creó la primera entidad de control de la contaminación del mundo: el "Alkali Inspectorate". En el siglo XX, las primeras leyes ambientales se dirigían a evitar la contaminación del agua en determinados ríos de Inglaterra (1951). En los E.E.U.U. se aprobó la primera ley sobre aire limpio (Clean Air Act) en 1955, y la del agua (Clean Water Act) en 1972. La preocupación por la calidad de la atmósfera siempre ha ido a remolque de los efectos que producía el desarrollo industrial y no se ha tenido conciencia de lo irreversible del proceso hasta bien entrado el siglo XX. Las investigaciones científicas de las últimas décadas han denunciado los estragos que están causando la emisión de gases nocivos a la atmósfera. Entre los más representativos y a su vez más perjudiciales, destacamos:

Efecto invernadero

El efecto invernadero es un fenómeno natural de la atmósfera consistente en que la energía solar que llega a la tierra, al tomar contacto con el suelo, se refleja sólo en parte, siendo el resto absorbido por el mismo. El efecto de esta absorción es un calentamiento y se manifiesta por una irradiación de energía hacia la atmósfera. Sin embargo, al viajar hacia la atmósfera se encuentra con gases que actúan de freno, produciéndose choques y una vuelta hacia la tierra, evitando que la energía se escape hacia el exterior calentado más el suelo del planeta. El efecto de este fenómeno es un calentamiento global del planeta (aproximadamente 4°C en los próximos cien años). Como consecuencia del mismo se produce un deshielo de las zonas polares, aumentando el nivel medio de mares y océanos, lo que tendrá graves consecuencias que ya se comienzan a sufrir en determinados lugares del planeta (inundaciones, ciclones, pérdida de la zona costero litoral, etcétera). En la Unión Europea se calcula que la temperatura media ha subido 0,8°C en los últimos cien años y se prevé que para el 2100 el calentamiento sea entre 1-6°C. La UE arroja a la atmósfera el 15% de los gases invernaderos cuando su población representa sólo el 5%. El compromiso adquirido por los Estados miembros en la Conferencia de Kioto fue reducir en un 8% las emisiones para el periodo 2008-12. Los principales gases que provocan el efecto invernadero son:

- Dióxido de carbono (CO2). Combustión de depósitos fósiles, emisiones desde vehículos, industrias, etcétera.
- CFCs y HFCs. Aerosoles, climatizadores, refrigeradores, etcétera.
- Metano (CH4). Residuos ganaderos y agrícolas.

Conociendo las fuentes emisoras de estos gases invernaderos podremos realizar acciones correctoras: reducción de emisiones mediante filtros, utilización de transportes alternativos, etcétera.

Agujero de ozono

En capas altas de la atmósfera abunda el gas ozono (O3). Este gas es el encargado de proteger la tierra de radiaciones ultravioletas. La introducción de nuevos compuestos artificiales, así como de fertilizantes, reduce la concentración de ozono en la atmósfera, lo que provoca que penetre más cantidad de rayos ultravioletas, acarreando graves consecuencias para el desarrollo de la vida vegetal y animal. También puede producir cáncer de piel, mutaciones genéticas, etcétera.

 Los principales causantes de la destrucción de la capa de ozono son:

- Fuentes artificiales de cloro y bromo: presentes en refrigeradores industriales, domésticos, aerosoles, etcétera.
- Nox; Presentes principalmente en fertilizantes.

Acidificación

Se trata de ácidos que se forman en la atmósfera por la mezcla de vapor de agua con gases emitidos por industrias. Estos ácidos caen sobre la tierra en forma de lluvia, produciendo la acidificación de los suelos y aguas, pérdida de zonas de cultivo, muerte de árboles, bosques, erosión, etcétera. Este fenómeno se puede dar a mucha distancia del foco emisor (EE.UU. se está viendo afectada por la contaminación del norte de Europa), por ello la zona afectada es muy grande.

Los principales gases causantes de la acidificación son:

- Compuestos de azufre (SO_2)
- Compuestos de nitrógeno (NO)

Contaminación de las aguas

El agua es el compuesto químico con mayor presencia en la naturaleza. Sus propiedades le confieren la capacidad de ser un elemento fundamental para el desarrollo de la vida. Nos encontramos con un recurso limitado cuya desaparición nos traería importantes consecuencias. El agua cubre las dos terceras partes de la superficie terrestre, pero sólo el 1% está disponible para su uso por el hombre. Además existe una demanda creciente de este recurso que obliga a racionalizar su consumo. Entre los problemas más importantes que afectan a los recursos hídricos, nos encontramos con la contaminación del agua, que la hace inadecuada para la aplicación a la que se destina. Los orígenes o fuentes de contaminación son muy variados, pero los principales son:

Vertidos urbanos: sistemas de vertidos de agua residuales (pozos negros, fosas sépticas, redes de saneamiento), actividades domésticas, vertederos de residuos sólidos urbanos, aplicación al terreno de aguas o fangos residuales.

Vertidos industriales: la contaminación se produce por las aguas residuales, líquidos residuales, desechos sólidos vertidos o almacenados, humos, almacenamiento de materias primas, así como su transporte, accidentes y fugas.

Vertidos agrícolas y ganaderos: viene dada principalmente por el uso masivo de abonos químicos y pesticidas en la agricultura. La contaminación que se origina es dispersa, al contrario de la contaminación urbana que puede considerarse puntual.

Contaminación de los suelos

Es aquella porción de suelo cuya calidad ha sido alterada como consecuencia del vertido puntual, directo o indirecto, de residuos o productos tóxicos y peligrosos. El resultado del vertido es la presencia de alguna sustancia en unas concentraciones tales que confieren al suelo propiedades nocivas, insalubres, molestas o peligrosas para algún fin. Hay suelos contaminados que actualmente están abandonados y otros que están en uso, los más importantes de éstos suelen ser los vertederos incontrolados de residuos originados antes de la aparición de la legislación de residuos tóxicos y peligrosos. Los problemas que puede plantear la contaminación de suelos son tan variados como pueden serlo las sustancias presentes en los vertidos. De modo general se pueden plantear los siguientes daños y riesgos:

- Se compromete gravemente el desempeño de las funciones básicas del suelo.
- Contaminación de aguas subterráneas, superficiales, del aire.

- Envenenamiento por contacto directo o a través de la cadena alimentaria.
- Fuego por explosión, etcétera.

Residuos

Es una de las principales causas de la contaminación de los suelos. El tratamiento de los residuos constituye uno de los puntos clave del ordenamiento ambiental ya que su producción ha aumentado en los últimos 20 años de una manera alarmante. Entre los distintos tipos de residuos nos encontramos con:

Residuos urbanos

Son los generados en las zonas urbanas como consecuencia de la actividad cotidiana de sus habitantes (comercios, oficinas, servicios, domicilios, etcétera). Comúnmente los conocemos como basuras. Se estima que la producción de residuos es de un kilogramo por habitante y día. Dada la gran cantidad de residuos que se generan diariamente, es imprescindible una buena gestión de tales residuos, es decir, una recogida, transporte y tratamiento perfectamente organizados y apoyados por la colaboración ciudadana (recogida selectiva). El vidrio, el papel y materia orgánica tienen sus propios circuitos de recogida. El problema reside en la recogida de los distintos tipos de plásticos y de *bricks*. Estos materiales han sido recientemente regulados por la Ley 11/1997, de 24 de abril. Se trata de una ley muy importante, pues establece por primera vez la obligación de dar a estos materiales un destino diferente a, simplemente, enterrarlos en un vertedero.

Residuos industriales

Son los desechos producidos por las instalaciones industriales. Pueden ser de dos tipos:

- Inertes o asimilables a urbanos
- Tóxicos y peligrosos. Son aquellos cuyas propiedades incluyen alguna o algunas de las siguientes características: inflamable irritante, nocivo, tóxico, cancerígeno, corrosivo, infeccioso, etcétera. La gestión de estos residuos compete a un gestor autorizado, que los depositará en recipientes de seguridad habilitados con tal efecto.

Residuos sanitarios

Son aquellos residuos generados en los centros hospitalarios. Su importancia reside en la cantidad de residuos que se generan diariamente (3,5 kg. por cama y día), por el riesgo de infección que presentan (residuos biosanitarios) y de contaminación (residuos químicos y radioactivos). Dada la variedad y peligrosidad de los residuos sanitarios, todo centro hospitalario deberá contar con un plan de gestión interno de residuos, que permita clasificar y dar el destino adecuado a cada tipo de residuo generado.

Residuos agrícolas y ganaderos

Son los residuos generados como consecuencia de las actividades agrícolas y ganaderas. Se trata de residuos potencialmente contaminantes ya que contienen productos que pueden revestir un carácter peligroso o incidir de variadas formas sobre el entorno. Tales residuos son asimilables a los residuos urbanos, es decir, en la práctica, no se rigen por disposiciones específicas. Sin embargo, el tratamiento de estos residuos difiere de los residuos municipales ordinarios en la medida que gran parte de los mismos son aprovechables en las propias explotaciones agropecuarias.

Deterioro del medio natural

La pérdida de la biodiversidad en el mundo:

La diversidad biológica es uno de los principios básicos del desarrollo sostenible. La biodiversidad comprende todas las especies de plantas, animales y microorganismos y la variabilidad genética presente en ellos, además de los ecosistemas de los que forman parte. Hoy en día, las amenazas a la biodiversidad son realmente descorazonadoras. La mayoría de la biodiversidad del planeta reside en bosques tropicales de los países en vías de desarrollo, países que están experimentando un rápido crecimiento de su población. Este crecimiento de población y el desarrollo necesario para mantenerla amenazan con extinguir el 70% de las especies vivas para el final del próximo siglo.

La importancia de la biodiversidad es la gran cantidad de organismos que hay en la tierra y la variabilidad de estos dentro de la misma especie, lo que supone un valor potencial de toda esa información como fuente para nuevos productos farmacéuticos, químicos y nuevos materiales. Si estas especies se pierden, las consecuencias más inmediatas serían la ruptura del equilibrio de los ecosistemas y del equilibrio planetario, pero a largo plazo, sería más importante la pérdida de información que podría encerrar un gran valor. Por ello, la gravedad de estos problemas requiere una respuesta rápida. Los países están tomando medidas como la elaboración de legislaciones para la conservación de sus especies, la declaración de zonas de una riqueza biológica importante como zonas de interés natural con un grado de protección importante, etcétera. A nivel internacional, destaca el Convenio de diversidad biológica o Convenio de Biodiversidad, ratificado por España en 1993. Dicho Convenio tiene por objeto la conservación máxima de la biodiversidad en beneficio de generaciones presentes y futuras, velando por el uso racional de los recursos.

Agotamiento y contaminación de los recursos hídricos

Los problemas de contaminación marina no han variado mucho en la última década, pero lo que sí ha variado es la percepción que el hombre tiene sobre ellos. De los 20.000 millones de Tm. de sales disueltas y materia en suspensión que llegan al mar a través de los ríos, solamente el 10% llegan al océano profundo, el resto se acumula en las zonas costeras donde se captura el 90% de la pesca mundial, con el peligro para la salud del hombre que la consume. Otro problema que sufre el medio marino es el originado por los vertidos de aguas residuales urbanas. Para la descomposición de la materia orgánica de las aguas residuales, las bacterias utilizan oxígeno disuelto en el agua. Si las cantidades de residuos son muy elevadas puede suceder que no haya suficiente oxígeno en el agua para soportar la vida de muchos peces, proliferando bacterias. Todos estos problemas pueden solucionarse con una buena gestión en tierra. El mar puede ser el recurso que más beneficios puede aportarnos en un futuro.

Deforestación-desertificación

La deforestación es la pérdida de masa forestal (árboles, plantas, etcétera) de un territorio determinado, lo que implica la pérdida de terreno fértil. Entre los procesos principales que han llevado a la deforestación de determinadas zonas del planeta, se encuentran:

- Requerimiento masivo de madera, como combustible, en determinadas épocas y como material de construcción para casas, barcos, etcétera.
- Apertura de pistas y carreteras.
- Explotación de bosques para la industria papelera.
- Incendios. En 1994 los incendios han deforestado en España 432.000 ha.

Entre los efectos más importantes de la deforestación se encuentran:

- Erosión del suelo, como consecuencia de la falta de vegetación.
- Pérdida de terreno fértil, al desaparecer los nutrientes del suelo.
- Pérdida de la flora y fauna.
- Aumento de gases contaminantes (CO_2) cuando se recurre a la quema de bosques.
- Interrupción del ciclo del agua.

Este proceso de deforestación viene íntimamente relacionado con el proceso de la desertificación. Una vez comenzada la deforestación, casi paralelamente, se está produciendo la desertificación del mismo. Este proceso tiene un impacto directo sobre las condiciones de vida de gran número de personas y pueblos, siendo causa y efecto de la pobreza y emigración. Las consecuencias de ello es que más de la tercera parte de la tierra es árida. España es el único país de Europa Occidental con riesgo de desertificación calificado como muy alto. La lucha contra este proceso se plantea bajo los siguientes aspectos:

- Incorporación de técnicas agrarias protectoras de la fertilidad del suelo.
- Reconstrucción de la cubierta vegetal.
- Realización de obras de hidrología forestal.

Por último, hay que diferenciar entre desertificación y desertización. La desertización es un proceso natural, en cambio la desertificación es consecuencia de la actividad del hombre.

B. Medio ambiente urbano

Los procesos tecnológicos habidos en las últimas décadas han traído consigo un potente desarrollo económico de los países industrializados y la acumulación de la población en grandes ciudades. Estos procesos tecnológicos han venido acompañados de contaminaciones de distinta naturaleza. Los problemas de contaminación en las ciudades pueden tener distintos orígenes, entre los que cabe destacar la contaminación atmosférica, el ruido y la producción de residuos de distinta procedencia. Las zonas urbanas están sometidas a una amplia gama de contaminantes, alguno de los cuales pueden ser cancerígenos. Entre sus efectos sobre la salud se incluyen las enfermedades respiratorias, así como las irritaciones cutáneas y oculares. Al margen de ello, erosionan el entorno edificado y perjudican el medio ambiente natural. La mayoría de los contaminantes atmosféricos proceden de las siguientes fuentes: la industria, los vehículos de motor y la utilización de combustibles fósiles para calefacción y para generar energía. Entre las medidas existentes para frenar o reducir las emisiones de los diferentes agentes contaminantes se encuentran:

- Ahorro energético. Merece prioridad dado su potencial de reducción del CO_2.
- El cambio de combustible fósil al gas natural o a las fuentes de energías alternativas o renovables.
- Incremento de los esfuerzos en investigación y desarrollo en la reducción de los niveles de emisión a medio y largo plazo.
- Repoblación forestal y eliminación de CFCs, etcétera.

Merece la pena abordar el uso de energías renovables por la enorme trascendencia que pueden tener en la producción y en el desarrollo económico de los países, especialmente, de aquellos con una demanda alta de petróleo y sus derivados.

C. Energías renovables y alternativas

Las energías renovables son aquellas que pueden obtenerse directamente de los ciclos naturales y todas ellas dependen, de alguna forma, de los ciclos solares. Son: la energía de biomasa (ciclo anual), eólica o del viento, energía solar (térmica o fotovoltaica) e hidráulica (ciclo del agua). Si añadimos la energía geotérmica y de la hidráulica consideramos solo las minicentrales, de poco impacto ambiental, a este tipo de energías les llamamos más propiamente **energías alternativas**, es decir, alternativas a las energías convencionales que son las que tienen un mayor impacto ambiental porque se basan en combustibles fósiles, en la energía atómica o en las grandes presas hidroeléctricas de gran impacto. El IDAE, Instituto para la Diversificación y Ahorro de la Energía, es el organismo estatal ocupado de impulsar la utilización de las energías alternativas y de estimular las aplicaciones de ahorro energético. La **energía de biomasa** es la energía renovable más antigua y utilizada en el mundo. Se trata de la combustión de vegetales, o restos de vegetales, cuando estos proceden de podas o bien cuando son repuestos por nuevas plantas que garantizan que el CO_2 emitido en la combustión será absorbido por las nuevas plantas. Además de la biomasa natural, que es la producida por ecosistemas naturales como los bosques, hay una diversidad de tipos nuevos de biomasa como es la expresamente cultivada para producir energía (cultivos energéticos), la procedente de residuos sólidos urbanos o ganaderos, la de excedentes agrícolas como e industriales como el orujo de aceituna o los residuos leñosos. Cada vez más se hacen tratamientos industriales a residuos para producir elementos fácilmente combustibles, como briquetas, o instalaciones de producción de combustibles líquidos o de biogás. En el futuro, la energía procedente de la biomasa es la que tiene más posibilidades de sustituir en mayor medida, a los combustibles fósiles; hoy ya hay países, como Finlandia, en los que más del 50% de la energía de combustión, exceptuando el transporte, procede de la biomasa. La **energía eólica** está cada vez más difundida en el mundo y en España. La empresa MADE, del grupo ENDESA, es la principal suministradora de aerogeneradores, equipos productores de energía eólica, y una de las más importantes en paneles solares térmicos. La captación de la **energía solar** puede ser pasiva, térmica o fotovoltaica.

La captación pasiva se consigue mediante el diseño arquitectónico inteligente con la utilización de acristalamientos o materiales que almacenan la energía bien para utilizar esa energía para calentar el interior o bien para interceptar la energía y evitar el calentamiento de los interiores (refrigeración). Los sistemas pasivos evitan el gasto energético convencional tanto para calentar como para refrigerar. Un ejemplo de edificación bioclimática es la sede del Instituto Tecnológico y de Energías Renovables en el Polígono Industrial de Granadilla.

La captación térmica se realiza por colectores solares. Se distinguen los de baja temperatura, media temperatura y alta temperatura, según que la captación sea directa, de bajo índice de concentración o de alto índice de concentración, respectivamente. Los que se utilizan para agua caliente en piscinas, domicilios, etcétera, son de baja temperatura.

La captación fotovoltaica consiste en la producción directa de energía eléctrica mediante el efecto fotoeléctrico. Es una de las energías alternativas más prometedoras, aunque hoy en día es todavía muy cara. No obstante, es el sistema más adecuado en todos los lugares donde no es posible, o muy caro, hacer llegar líneas eléctricas. Es decir, en la electrificación rural en el sector doméstico o en aplicaciones agrícolas y ganaderas, así como para repetidores de radio y televisión, radiofaros, balizas, aeropuertos, calculadoras, cosmonaves, etcétera. En el mundo, existen numerosas instituciones dedicadas al desarrollo de las energías alternativas. En España, además del IDAE, está CENSOLAR que desarrolla proyectos de energías renovables y otros de comunidades autónomas, como es el Instituto Tecnológico y de Energías Renovables (ITER), del Cabildo de Tenerife.

En el BOE de 30/Dic./98 se recoge el Decreto 2818/1998 que establece las condiciones para la producción de energía eléctrica en régimen especial (autoproductores por cogeneración, energías renovables e instalaciones de producción de energía a partir de residuos) así como las primas o subvenciones que pueden percibir dichas instalaciones al conectarse a la red eléctrica. Así, las instalaciones que utilicen la energía solar como energía primaria pueden percibir hasta 66 pts. / Kwh cuando la instalación sea inferior a 5kWp (hasta que en España no se llegue a 50 Mw de potencia fotovoltaica instalada) y 36 pts./kwh para otras instalaciones solares si bien, mientras no aparezca una normativa de reglamentación adecuada, existen muchas dificultades prácticas para la venta de la energía obtenida. Dentro del Proyecto Greenpeace Solar, hay que destacar la Guía Solar, que edita Greenpeace-España, que ya recoge el RD 2818/98 y que trata de "Cómo disponer de energía solar fotovoltaica en edificios conectados a la red eléctrica". Todos los problemas anteriormente descritos revisten una importancia a escala de la UE por sus implicaciones transfronterizas, para el mercado interior y los recursos compartidos, tanto desde el punto de vista de la cohesión como por su impacto ambiental en todas las regiones de la UE.

Por otro lado, existe la opinión generalizada de que los problemas globales del medio ambiente escapan de la capacidad de actuación de los ciudadanos se sienten impotentes y surge la apatía y la desidia, considerando que no se puede hacer nada salvo descargar en la política y la tecnología la búsqueda de soluciones. Por ello, hay que fomentar un sentido de la responsabilidad personal respecto del medio ambiente, informando que todos y cada uno de los ciudadanos desempeñan en su vida cotidiana papeles fundamentales en la gestión ambiental, como consumidores de bienes y servicios con capacidad de elección, así como generadores directos de contaminación y residuos en el hogar, en el trabajo, en el transporte y en los espacios de ocio.

D. Respuestas institucionales y sociales

Organizaciones gubernamentales que trabajan directamente con los problemas ambientales. Normativa, estructura administrativa y distribución de competencias: Muy pronto se dieron cuenta los Gobiernos de que el desarrollo industrial estaba provocando un impacto sobre la atmósfera y el medio natural que había que atenuar. Por este motivo, las primeras normas pretendieron mejorar la calidad del aire en aquellas regiones donde la contaminación del medio era notoria debido a los hornos de fundición, en la Inglaterra de 1821. Eran leyes que facilitaban el proceso de demanda y denuncia a los damnificados. Posteriormente, en 1863, el Parlamento británico promulgó el "decreto alcalino" que exigía a determinados fabricantes la eliminación del 95% del ácido clorhídrico que vertían, y creó la primera entidad de control de la contaminación del mundo: el "Alkali Inspectorate". En el siglo XX, las primeras leyes ambientales se dirigían a evitar la contaminación del agua en determinados ríos de Inglaterra (1951).

En los E.E.U.U. se aprobó la primera ley sobre aire limpio (Clean Air Act) en 1955, y la del agua (Clean Water Act) en 1972.

La primera norma que exigía la realización de estudios de impacto ambiental, a las agencias federales, data de 1969 y fue el National Environmental Policy Act (NEPA) en las E.E.U.U. En 1970, se constituyó la Environmental Protection Agency (EPA), que es la agencia encargada de establecer los máximos permitidos para las sustancias contaminantes en los E.E.U.U. así como de elaborar y gestionar toda la política de los E.E.U.U. en materia de Medio Ambiente. En Europa, hay ya una extensa legislación en materia ambiental, con una multiplicidad de Directivas de obligada transposición a las legislaciones de los Estados miembros. La más importante: la Directiva IPPC, o de Prevención y Control Integrados de la Contaminación (Directiva 96/61/CE) que no ha sido todavía transpuesta al ordenamiento jurídico español y que debería hacerse antes del 24/Septiembre/99, a los 3 años de la promulgación de la Directiva. Para consultar la legislación comunitaria existe un Repertorio de legislación en EUR-Lex, cuyo capítulo 15 está dedicado a la legislación medioambiental vigente. Este capítulo, de normativa ambiental, es el que precisa mayor desarrollo y actualización: se trata de recoger los aspectos, existentes en la RED, relacionados con la normativa medioambiental a diferentes niveles:

Internacional (normas técnicas)

Europeo (directivas y normas europeas)

Estatal (legislación y normas españolas)

Autonómica (legislación autonómica)

En el nivel internacional, la normativa de medio ambiente que se está difundiendo rápidamente es la de la familia de Normas ISO 14.000 sobre Gestión empresarial del Medio Ambiente. Esta normativa va a jugar, en el área medioambiental, el mismo papel que ha jugado la familia de normas ISO 9.000 en el área de Calidad. Además, se están dando pasos para la integración de estos dos grupos de normas.

En el nivel europeo, la mejor dirección para obtener información normativa es la de la Agencia Europea de Medio Ambiente.

En el nivel estatal, la normativa técnica se elabora por AENOR, que, por el momento, es la única institución acreditada para certificar la aplicación de normas en las empresas. AENOR desarrolla las normas UNE, entre las que se cuentan varias sobre Gestión medioambiental y auditorías, como las 77801 y 77802 de 1994. A partir del año 1996, UNE recoge las normas ISO 14.000 en español: UNE-EN ISO 14001, 10, 11, 12 y 40, así como las UNE 150001 a 150010 que son guías de uso para las normas medioambientales.

Todas estas normas se pueden pedir, a través de Internet, desde el catálogo de Normas UNE de Medio Ambiente.

En el nivel autonómico, hay que destacar la información suministrada por las instituciones catalanas, bien de la Consejería de Medio Ambiente de la Generalitat, bien de redes como las del Instituto Catalán de Tecnología que, además, cuenta con listas medioambientales sobre gestión, residuos y energía.

En Andalucía, la principal normativa es la Ley 7/1994 de Protección Ambiental, que se ha desarrollado en diversos

Reglamentos: el Reglamento de Residuos con el Decreto 283/1995, el Reglamento de Evaluación de Impacto Ambiental con el Decreto 292/1995, el Reglamento de Calificación Ambiental con el Decreto 297/1995 y el Reglamento de Informe Ambiental con el Decreto 153/1996.

Ámbito internacional: El medio ambiente tiene un carácter internacional sumamente importante ya que, por un lado, la contaminación no conoce fronteras, y por otro, cada día más, los grandes problemas de la contaminación tienen un carácter planetario, lo que obliga a los Estados a reunirse de forma conjunta para acordar acuerdos globales que realmente serán los eficaces para solucionar los problemas.

Por ello, las diferentes organizaciones internacionales cada día están dando más importancia a los temas ambientales:

E. Organización de Naciones Unidas (ONU)

En 1972 (Conferencia de Estocolmo) fue concebido el Programa de Naciones Unidas para el Medio Ambiente (PNUMA) cuyo objetivo es apoyar, estimular y complementar la acción a todos los niveles de la sociedad humana, sobre todo los problemas de interés relacionados con el medio ambiente.

Bajo los auspicios de la ONU se celebró en 1992 la Conferencia de Naciones Unidas sobre Medio Ambiente y Desarrollo, celebrada en Río de Janeiro. De esta conferencia se obtuvieron los siguientes resultados:

- La Declaración de Río. Se trata de una declaración de los derechos y obligaciones colectivas, individuales y de los gobiernos en lo referente al medio ambiente y al desarrollo, y de responsabilidad para las generaciones futuras.

- Agenda 21. Se trata de un ambicioso plan de acción en el que se pretende establecer las acciones a realizar por los gobiernos y organizaciones internacionales para integrar el medio ambiente en el horizonte del siglo XXI.

- Convenio sobre el Cambio Climático y Convenio sobre Biodiversidad. Firmados por los jefes de Estado durante la Conferencia. Se trata de convenios vinculantes para los Estados parte.

F. Política europea de medio ambiente

El arranque de la política comunitaria de medio ambiente hay que encontrarlo en la cumbre de Jefes de Estado y de Gobierno celebrada en París en 1972. En dicha cumbre, se realizó una importante declaración que pone de manifiesto la necesidad de aplicar una política de protección del medio. "La expansión económica, que no es un fin en sí, debe, prioritariamente, permitir atenuar la disparidad de las condiciones de vida. Debe traducirse en una mejora de la calidad y nivel de vida, concediéndose una atención particular a los valores y bienes no materiales y a la protección del medio ambiente, a fin de poner el progreso al servicio de los hombres". Otra fecha importante es el 31 de octubre de 1972, cuando los ministros de medio ambiente de la CEE establecen los principios que regirán la actuación comunitaria en esta área. A lo largo de los años, la CEE y después la UE ha desarrollado diferentes programas de acción en materia de medio ambiente que tienen su apoyo jurídico en los tratados constitutivos de la UE. El Primer Programa, para el periodo 1973-77, sienta las bases de la política y fija, en la reunión de Bonn de 31 de octubre de 1972, una serie de principios generales que definen la actuación comunitaria.

Los objetivos propuestos son los siguientes:

- Prevenir, reducir y, en la medida de lo posible, eliminar las contaminaciones y perturbaciones.
- Mantener un equilibrio ecológico satisfactorio y velar por la protección de la biosfera
- Velar por la buena gestión de los recursos y del medio natural y evitar toda explotación de estos que impliquen perjuicios sensibles al equilibrio ecológico.
- Orientar el desarrollo en función de exigencias de calidad, en particular mediante la mejora de las condiciones de trabajo y del marco de vida.

Tratar de tener más presentes los aspectos relativos al medio ambiente en la ordenación de las estructuras y del territorio.

Investigar, con los Estados que no pertenecen a la Comunidad, unas soluciones comunes a los problemas del medio ambiente en el marco, en particular de las organizaciones internacionales.

La acción comunitaria se regirá en el futuro por estos principios:

Sin duda la **prevención**, como en sanidad, es la mejor política medioambiental. De esta forma, se evita tener que combatir posteriormente unos efectos que difícilmente se pueden dominar.

Principio de evaluación. Para prevenir es necesario primero estudiar la incidencia que todos los procesos técnicos de producción tienen sobre el medio ambiente para conocer sus posibles consecuencias.

Principio de utilización racional de los recursos naturales. Cualquier explotación de los recursos que entrañe un serio riesgo para el equilibrio ecológico debe evitarse.

Principio de vinculación a los conocimientos técnicos. Sólo los resultados científicos, perfectamente constatados, pueden servir de guía a las políticas de protección y compresión del medio ambiente y el equilibrio del ecosistema.

Principio de "quien contamina paga". Los costes ocasionados por la prevención y supresión de los daños deben ser asumidos por el causante de la contaminación.

Principio de solidaridad y de cooperación internacional. El medio ambiente no tiene fronteras, razón por la que la colaboración y el compromiso internacional resultan imprescindibles para lograr un consenso sobre las políticas que se deben aplicar en esta materia y también para responder solidariamente ante los retos que tienen los países, teniendo en cuenta los diferentes niveles de desarrollo de los Estados.

Principio de educación. La comprensión de los retos y amenazas a los que se encuentra expuesto el medio ambiente exige una política de información y comunicación que implique y comprometa a la sociedad.

Tratado de Roma: (constitutivo de la CEE). No contenía ninguna mención expresa a los poderes de las autoridades comunitarias en el campo del medio ambiente. Sí contiene, sin embargo, en la

202

exposición de objetivos, las líneas maestras de la acción comunitaria. Su artículo 2 dice lo siguiente:

"La CEE tiene particularmente por misión promover un desarrollo armonioso de las actividades económicas en el conjunto de la Comunidad y una expansión continua y equilibrada, lo que no puede concebirse sin una lucha eficaz contra las contaminaciones y perturbaciones, ni sin mejorar la calidad de vida y la protección del medio".

Acta Única Europea: (1986). Tres nuevos artículos entraron a formar parte del Derecho comunitario, específicamente dirigidos a la protección del medio ambiente:

- Artículo 130R, que define los objetivos de la acción de la Comunidad en materia de medio ambiente:

Conservar, proteger y mejorar la calidad del medio ambiente
Contribuir a la protección de la salud de las personas
Garantizar una utilización prudente y racional de los recursos naturales

- Artículo 130S: exige la unanimidad de los Estados miembros para la adopción de las acciones que deba emprender la Comunidad en este ámbito.

- Artículo 130T: concibe la actuación de la Comunidad como un nivel mínimo, de tal manera que cada Estado miembro puede imponer en su territorio medidas de mayor protección.

Tratado de Maastricht: (1992). Entre sus objetivos se encuentra potenciar el desarrollo sostenible. "...Debe promoverse un desarrollo armonioso y equilibrado de las actividades económicas, un desarrollo sostenible y no inflacionista que respete el medio ambiente".

Tratado de Ámsterdam: (1998). Además de establecer como objetivo esencial de la Comunidad conseguir un desarrollo sostenible, en su artículo 6 establece la obligación de integrar las consideraciones medioambientales en el conjunto de las políticas sectoriales.

Además, la Comunidad Europea ha dictado numerosos Reglamentos, Directivas, Decisiones y normas de todo tipo en relación con el medio ambiente. Es inútil siquiera intentar enumerarlos, dado su elevadísimo número. Por citar algunos de los más conocidos e importantes:

Directiva 85/337/CEE del Consejo, de Evaluación de Impacto Ambiental.

Directiva 79/409/CEE del Consejo, relativa a la conservación de aves silvestres.

Directiva 96/61/CEE del Consejo, relativa a la prevención y control de la contaminación.

Directiva 91/271/CEE del Consejo, sobre tratamiento de Aguas residuales urbanas, etcétera.

G. Programas de actuación en materia de medio ambiente

Paralelamente al plano legislativo (Tratados y normas comunitarias), la Comunidad ha ido elaborando programas de actuación en materia de medio ambiente, los cuales recogen los principios de actuación comunitaria en materia ambiental. Hasta el momento se han elaborado seis programas, el último de los cuales, el VI Programa (2001-2010), establece el desarrollo sostenible como única forma de desarrollo compatible con la protección del medio, seleccionando cinco sectores a los que dirige sus medidas, por desempeñar un papel decisivo en la consecución del desarrollo sostenible. Estos cinco sectores son: agricultura, turismo, energía, transportes e industria.

Las prioridades del VI programa son las siguientes:

- Cambio climático
- Naturaleza y biodiversidad
- Medio ambiente y salud
- Preservar los recursos naturales y gestión de los residuos

Las claves de acción de este programa se encuentran en:

- Asegurar que la legislación existente sobre medio ambiente se incorpore al derecho nacional y se cumpla
- Integrar el medio ambiente en todas las políticas y áreas de acción de la UE
- Trabajar estrechamente con empresas y consumidores para identificar posibles soluciones
- Garantizar y hacer más accesible una mejor información sobre el entorno para los ciudadanos
- Desarrollar una actitud más comprometida sobre el uso de los suelos

H. Organismos con competencias en materia de medio ambiente:

Dirección General de Medio Ambiente, Seguridad Nuclear y Protección Civil (DG XI). Comisión Europea: Es el órgano comunitario encargado de la ejecución del derecho comunitario en materia medioambiental, así como de elaborar propuestas legislativas. Esta labor la realiza mediante los medios formales o informales que el derecho comunitario pone a su disposición (propuestas, recomendaciones). Su sede está en Bruselas.

Agencia Europea de Medio Ambiente: Creada en 1990 por el Consejo Europeo, al objeto de crear una red europea de información y observación sobre el medio ambiente. Su función es dotar a la Comunidad y a los Estados miembros informaciones fiables que les permitan tomar las medidas necesarias para proteger el medio ambiente, así como el apoyo técnico necesario para este fin. Su sede está en Copenhague (Dinamarca).

Ámbito estatal: El derecho de todos a disfrutar de un medio ambiente adecuado, así como el deber de protegerlo es un principio rector del ordenamiento jurídico español, recogido en el artículo 45 de la Constitución española de 1978. Dicho artículo impone a los poderes públicos la obligación de velar por la utilización racional de los recursos naturales, con el fin de proteger y defender el medio ambiente. El grueso de competencias sustantivas en materia de medio ambiente reside en los Estados miembros de la Unión Europea. En España el grado de descentralización existente, obliga a distinguir cuidadosamente los ámbitos competenciales que en materia de medio ambiente corresponden a la Administración General del Estado, a las comunidades autónomas y a las corporaciones locales.

Administración General del Estado: El Departamento más importante de la Administración General del Estado en materia medioambiental es el Ministerio de Medio Ambiente, creado por primera vez en la historia de la organización administrativa española en mayo de 1996. Entre las competencias del Ministerio resaltan: La elaboración de la legislación básica estatal en materia de medio ambiente, así como la incorporación de la normativa comunitaria ambiental al derecho español. Algunas de las leyes más importantes en materia medioambiental y que tienen consideración de legislación básica son:

- Ley de Evaluación de Impacto Ambiental, de 2000
- Ley de aguas de 1985
- Ley de costas de 1988
- Ley de residuos de 1998
- Ley de envases y residuos de envases de 1997
- Ley de contaminación atmosférica de 1972, etcétera
- La coordinación entre administraciones con las comunidades autónomas, la Unión Europea y organismos internacionales. Seguimiento de los convenios internacionales.
- La realización de las declaraciones de impacto ambiental de competencia estatal.
- La elaboración y seguimiento de los planes nacionales de residuos, suelos contaminados, planes hidrológicos, etcétera.
- Otros órganos estatales con competencias medioambientales:
  - Consejo Asesor de Medio Ambiente
  - Consejo Nacional del Agua
  - Comisión Nacional de Protección de la Naturaleza
  - Consejo Nacional del Clima

Administración autonómica: La Constitución de 1978 (art. 148.1, 149.1, 149.3) abrió el principio de un proceso de descentralización: el Estado de las Autonomías, las cuales gozan de competencias en su ámbito territorial que hay que combinar con las que el Estado se reserva.

La mayoría de las comunidades autónomas, en el marco de su organización gubernamental, han creado Consejerías de Medio Ambiente o han incluido un órgano medioambiental dentro de una Consejería.

En cuanto a las competencias, entre otras, les corresponde:

- El desarrollo y ejecución de la legislación básica de la Administración General del Estado
- La elaboración de estudios y proyectos normativos
- La coordinación de la gestión ambiental en su ámbito

Administración Local: Junto a las relevantes competencias en materia ambiental atribuidas al Estado y a las comunidades autónomas, la Administración local constituye un nivel territorial de Gobierno dotado de potestades públicas para la protección del medio ambiente.

Teniendo en cuenta la indudable presencia de intereses locales en la protección del medio ambiente, no debe extrañar que tanto las normas generales reguladoras del régimen local, como las numerosas y diversas normas sectoriales referidas a aquella protección, atribuyan relevantes competencias en relación con la misma a las entidades locales.

Algunas de estas competencias locales son:

- Servicio de limpieza viaria.

- Recogida y tratamiento de residuos y de alcantarillado
- Protección de la salubridad pública
- Protección civil y extinción de incendios

I. Respuestas sociales y ciudadanas. Pautas de conducta sostenibles

Tradicionalmente, las instituciones han utilizado instrumentos de carácter normativo, disuasorio y coercitivo (normas, vigilancia, sanciones económicas) para promover comportamientos respetuosos con el entorno. No obstante, además de estos instrumentos es conveniente garantizar la adopción, por parte de los ciudadanos, de actitudes y comportamientos proambientales.

Por ello es necesario desarrollar instrumentos y métodos formativos basados en el aprendizaje social, la responsabilidad, la participación y la experimentación. Entre otras cosas, la formación ambiental trata de que los ciudadanos adopten un estilo de vida ecológicamente responsable. Para ello, en el presente documento se proponen, a modo de ejemplo, una serie de actitudes y pautas de consumo sostenibles en todos los ámbitos en los que se desarrolla la vida humana. Para cambiar hay que saber, y para saber hay que entender. Se trata de acciones sencillas de llevar a cabo y la mayoría sin coste, en realidad muchas de ellas suponen un ahorro de dinero.

Algunas de estas actitudes y pautas sostenibles podrían ser:

Hogar:

Consumo de alimentos procedentes de sistemas agrícolas, ganaderos y pesqueros de bajo impacto sobre el medio ambiente (alimentos con denominación de origen, etcétera).

Elegir materiales de envasado correcto y con identificación clara (punto verde o símbolo del sistema de gestión).

Utilizar la energía más adecuada para cada uso. El gas es un tipo de energía más interesante que el carbón o el gasóleo, porque produce menos emisiones de contaminantes y ofrece un alto rendimiento. Incorporar sistemas de aislamiento en puertas, ventanas y fachadas (puede suponer un ahorro del 35% de la energía consumida).

Uso racional del agua:

En el cuarto de baño. Uso correcto del WC (supone el 30% del consumo total de una casa) evitando tirar por el sumidero residuos sólidos y tóxicos y peligrosos, incorporar cisternas ahorradoras de agua, etcétera.

Abrir y cerrar el grifo según la necesidad del agua, elegir la ducha antes que el baño, ajustar la temperatura del calentador, incorporar sistemas para reducir el caudal del agua y grifos o alcachofas de ducha ahorradoras de agua.

En la cocina. Llenar la lavadora y el lavavajillas completamente antes de ponerlas en funcionamiento, cerrar el grifo del fregadero cuando no se necesite agua, etcétera.

Gestión adecuada de los residuos generados:

Separación de los residuos orgánicos e inorgánicos de acuerdo con la Ley 11/97 de envases y residuos de envases, desechar las pilas usadas en contenedores especiales, depositar los envases de vidrio en los populares iglúes. El destino de los aceites utilizados en la cocina así el de los escombros deberá ser el punto limpio, etcétera.

Espacios de ocio y medio urbano:

Respeto del entorno natural, continuando con los hábitos responsables con el medio ambiente (prevenir incendios, no arrojar basuras o cualquier desperdicio, evitar molestar a los animales, no recolectar plantas o rocas, etcétera).

Es recomendable también utilizar alojamientos de tipo tradicional, ya que habitualmente cumplen una función de apoyo a la economía rural.

Para disfrutar de nuestra ciudad y mejorarla, es necesario colaborar con el cuidado de las zonas verdes, mobiliario urbano, monumentos, plazas públicas y, en general, todo aquello que contribuya a hacer el paisaje urbano más agradable.

Informarse sobre las iniciativas de mejora ambiental que se estén llevando a cabo en barrios o ciudades y colaborar con ellas.

Usos del suelo: urbanismo, ordenación del territorio, localización de industrias y espacios verdes, etcétera.

Transporte:

Ir caminando o en bicicleta a los sitios siempre que sea posible.

Utilización del transporte público en trayectos cortos y en desplazamientos urbanos. Si se utiliza el vehículo privado, compartirlo (la media de ocupación actualmente es de 1,3 personas). Conducir de forma que ahorremos combustibles. El consumo es mínimo a velocidades entre los 60 y los 80 km/h y aumenta muy rápido si superamos los 120 km/h. Evitar los frenazos y acelerones bruscos. Evitar el uso de *bacas* ya que puede hacer consumir al motor un 35% más de energía. Llevar el coche al taller con regularidad; una buena puesta a punto del motor aumenta el rendimiento de manera significativa, además la falta de presión en las ruedas también supone un consumo extra de combustible. Adquirir el mejor vehículo posible desde el punto de vista medioambiental, considerando el consumo de combustible como uno de los criterios cruciales de elección. Emplear sólo gasolina sin plomo (la gasolina con plomo estará prohibida en toda la UE a partir del año 2000). Los aceites usados deben cambiarse siempre en el taller. Las baterías usadas deben depositarse en los puntos limpios, etcétera.

Centros educativos y de trabajo:

Acudir caminando o en bicicleta y en el caso de no ser posible utilizar el transporte público o vehículos privados compartidos.

Sería recomendable la implantación de sistemas de gestión medioambiental internos, que establecieran pautas de conducta medioambientales en cada centro educativo y de trabajo. Utilizar papel reciclado a ser posible al 100%. Es fácil encontrar en las papelerías y su uso no es incompatible con fotocopiadoras ni impresoras. Utilizar el papel por las dos caras. Aprovechar mejor las oportunidades que ofrecen las nuevas tecnologías informáticas (como el correo electrónico), etcétera. Por otro lado, para facilitar la comprensión, sería recomendable la elaboración de guías de "buenas prácticas medioambientales" redactadas con un lenguaje sencillo y asequible para todos, que de forma atractiva facilite la comprensión de los principales procesos ambientales, distribuyéndose entre los destinatarios de los cursos.

RIESGOS MEDIOAMBIENTALES RELACIONADOS A LAS FUNCIONES DE LA CATEGORÍA

A. Efectos de los campos electromagnéticos de las redes eléctricas de España

Introducción:

Desde el año 1979, y en España muy especialmente entre los años 1993 y 1999, asistimos a una agria polémica sobre la supuesta peligrosidad de los tendidos eléctricos. Aunque esta polémica se extendió más tarde a las antenas de telefonía móvil y a otros dispositivos tecnológicos, este artículo se circunscribe a los campos electromagnéticos de 50-60 Hz que generan las instalaciones eléctricas, y en particular las líneas y subestaciones de alta tensión propiedad de Red Eléctrica de España. Sin embargo, a lo largo de estos años todos los organismos científicos han declarado que no existe ningún riesgo para la salud pública; ninguno ha dicho lo contrario, y se ha investigado en profundidad: según la Organización Mundial de la Salud desde 1979 se han publicado más de 25.000 estudios sobre los efectos de los campos electromagnéticos, lo que les convierte en el agente más estudiado de la historia. Ahora que la percepción social de este tema es más tranquila, parece interesante hacer un repaso de esta polémica, cómo se ha afrontado desde una empresa plenamente implicada como es Red Eléctrica de España.

Conceptos básicos de campos electromagnéticos

Los campos electromagnéticos se dan de forma natural en nuestro entorno, por ejemplo, el campo eléctrico y magnético estático natural de la Tierra, los rayos X y gamma provenientes del espacio y los rayos infrarrojos y ultravioletas que emite el Sol; incluso la luz visible es una radiación electromagnética. Actualmente estamos sometidos también a numerosos tipos de campos electromagnéticos artificiales: energía eléctrica, telefonía móvil, ondas de radio y televisión, sistemas antirrobo, detectores de metales, radares, mandos a distancia, comunicación inalámbrica y un muy largo etcétera. Las características físicas (y por lo tanto los posibles efectos biológicos) de cada una dependen de su 'frecuencia' de oscilación: una frecuencia más alta implica una mayor energía transmitida. A frecuencias muy altas la energía que transmite una onda electromagnética es tan elevada que podría llegar a dañar el material genético del ADN de las células expuestas, iniciando una alteración genética o determinadas enfermedades como el cáncer; éste es el caso de los rayos X o los rayos ultravioletas más energéticos, los UVB o UVC de los que nos tenemos que proteger cuando estamos mucho tiempo expuestos al Sol. A frecuencias menores, como por ejemplo la de la luz visible, se produce una excitación electrónica en los receptores de nuestros ojos que hace seamos capaces de ver, pero no pueden inducir las enfermedades mencionadas; mientras que en el rango de las microondas la radiación produce un calentamiento de los tejidos. Por debajo de estas frecuencias se encuentran ya la radio (FM y AM) o la televisión. El sistema eléctrico funciona a una frecuencia extremadamente baja (50-60 Hz, 'frecuencia industrial'), que no tiene energía suficiente para calentar tejidos, ni siquiera para poder desplazarse en el espacio (como lo hacen las ondas de radio) por lo que desaparece a corta distancia de la fuente que lo genera.

B. Estudios sobre riesgos para la salud

Los estudios se han desarrollado principalmente en dos ámbitos: epidemiológico y biofísico. La epidemiología estudia estadísticamente si existe algún tipo de asociación entre un agente y una enfermedad. Algunos de los primeros estudios epidemiológicos parecían indicar la posibilidad de que las personas que residían cerca de líneas eléctricas de alta tensión tenían un mayor riesgo de contraer cáncer, concretamente leucemia infantil. Sin embargo, los estudios epidemiológicos más recientes, realizados sobre poblaciones mayores y con mejores metodologías de medida de la exposición, concluyen de forma categórica que los campos eléctricos y magnéticos generados por las líneas eléctricas de alta tensión no suponen un riesgo para la salud pública. En cuanto a los aspectos biofísicos, a pesar de los exhaustivos estudios no se ha descubierto un mecanismo de interacción que pudiera explicar cómo unos campos de tan baja frecuencia e intensidad como los generados por las instalaciones eléctricas podrían producir efectos nocivos a largo plazo (enfermedades) en los seres vivos. La experimentación de laboratorio, tanto *in vitro* exponiendo células y tejidos en cultivo como *in vivo* sobre animales, ha descartado una relación con el proceso carcinogénico, respuesta inmunitaria, fertilidad, reproducción y desarrollo, alteraciones del sistema cardiovascular, comportamiento, concentración de iones de calcio en la membrana celular, cambios en los niveles de la hormona melatonina, estrés, etc. En particular, se puede afirmar rotundamente que no hay daño al ADN de las células y que, por lo tanto, no producen malformaciones o cáncer. Por lo tanto,

215

actualmente la comunidad científica internacional está de acuerdo en que la exposición a los campos eléctricos y magnéticos de frecuencia industrial generados por las instalaciones eléctricas de alta tensión no supone un riesgo para la salud pública. Así lo han expresado numerosos organismos científicos de reconocido prestigio en los últimos años, entre los que destacamos al **Comité Científico Director de la Unión Europea, 1999:** "La literatura científica disponible no proporciona suficiente evidencias como para *para concluir que se den efectos a largo plazo como consecuencia de la exposición a campos electromagnéticos.*"

Normativa y exposición: Todos los organismos científicos coinciden en que no hay pruebas de que la exposición a campos electromagnéticos de frecuencia industrial produzca efectos a largo plazo, es decir, que provoquen o agraven enfermedad alguna, o de que haya un efecto acumulativo como consecuencia de una exposición continuada Sin embargo, es cierto que producen una serie de efectos biológicos; el único riesgo es, por tanto, que estos efectos biológicos sean lo suficientemente intensos como para producir un daño. Los únicos efectos nocivos conocidos y comprobados de los campos electromagnéticos de frecuencia industrial son los efectos agudos (a corto plazo) que se producen cuando la densidad de corriente que estos campos inducen en el interior del organismo supera cierto valor umbral. Estos efectos van desde simples molestias, como cosquilleo en la piel o chispazos al tocar un objeto expuesto (como cuando se toca un coche cargado) hasta contracciones musculares, pero y, en casos muy extremos, arritmias, extrasístoles y fibrilación ventricular. En 1998 la Comisión Internacional para la Protección

216

contra la Radiación No Ionizante (ICNIRP, International Comission for Non Ionizing Radiation Protection), organismo científico vinculado a la Organización Mundial de la Salud, publicó una guía para prevenir este tipo de efectos agudos. Para campos magnéticos de 50 Hz ICNIRP establece los siguientes valores de referencia.

ICNIRP (1998)	Público	Trabajadores
Campo eléctrico (50 Hz)	5 kV/m	10 kV/m
Campo magnético (50 Hz)	100 µT	500 µT

En 1999 el Consejo de la Unión Europea, tras consultar a su Comité Científico Director, aprobó una recomendación para limitar la exposición del público en general; y en 2004 una Directiva de exposición laboral (2004/40/CE), que será de obligado cumplimiento para los Estados Miembros a partir del año 2008. Ambas toman como referencia los valores límite de exposición que señala la guía de ICNIRP. En las siguientes tablas se muestran unos rangos de valores de campo medidos cerca de líneas de transporte de electricidad (apreciándose que los niveles disminuyen rápidamente cuando aumenta la distancia a la línea) y en subestaciones de 400 y 220 kV, comprobándose que se cumple la normativa europea.

Líneas	Campo eléctrico (kV/m)			Campo magnético (µT)		
	Máximo	A 30 metros	A 100 metros	Máximo	A 30 metros	A 100 metros
220 kV	0,7 – 3,4	0,2 – 0,64	0,01 – 0,05	0,4 – 5,7	0,13 – 0,71	0,00 – 0,08
400 kV	1,2 – 5,2	0,35 – 1,28	0,02 – 0,14	0,4 – 14,0	0,15 – 2,85	0,01 – 0,29

Subestaciones	Campo eléctrico (kV/m)		Campo magnético (µT)	
	Interior	Valla perimetral	Interior	Valla perimetral
220 kV	0,2 – 4,5	0,0 – 0,7	0,5 – 4,5	0,0 – 1,0
400 kV	0,5 – 13,0	0,0 – 3,5	1,0 – 24,0	0,0 – 4,0

C. Acciones de red eléctrica de España

Red Eléctrica de España, empresa nacida en 1985, es dueña de la red española de transporte de energía eléctrica y responsable de la operación del sistema eléctrico; y como tal tuvo que afrontar las quejas y miedos que surgieron ante la posibilidad de que sus instalaciones supusieran un riesgo para la salud. Las actividades de Red Eléctrica se pueden sintetizar en dos grandes apartados:

●**Conocimiento.** Red Eléctrica tuvo siempre muy claro que éste era un tema prioritario, y si sus instalaciones podían suponer algún riesgo para la salud quería ser la primera en saberlo para tomar las medidas adecuadas. Esto se traduce en tres actividades: estar al día de todos los avances científicos; apoyar de forma activa la investigación; y medir los niveles de campo de sus instalaciones.

●**Información.** Otro aspecto esencial para Red Eléctrica ha sido informar de forma honesta y transparente, tanto a las personas que residen cerca de las líneas, como a sus propios trabajadores y a la sociedad en general. Esto se ha organizado en los siguientes aspectos: divulgación científica; congresos y jornadas; formación interna; y atención a las quejas y consultas.

Estar al día de los avances científicos: Sin duda, esto ha sido una prioridad a lo largo de estos años, pues es la base para tomar decisiones y para informar de forma transparente. Para conseguirlo, Red Eléctrica:

● Dedica personal técnico e investigador que trabaja de forma permanente en este tema.

● Mantiene una extensa y actualizada bibliografía sobre el tema, con los principales artículos y libros.

● Asiste a los principales seminarios y conferencias nacionales e internacionales.

● Recibe un resumen de los artículos publicados en las principales revistas científicas o presentados en congresos especializados, realizado por la consultora científica estadounidense *Resource Strategies*.

● Participa en varios grupos de trabajo, tanto nacionales como internacionales, donde se acometen proyectos de interés común, etc. También han sido habituales los encuentros internacionales entre empresas para intercambiar información sobre actuaciones, problemática, etc.

Apoyar de forma activa la investigación: Red Eléctrica ha considerado importante también apoyar la investigación científica de calidad. entre los diversos proyectos de I+D+i llevados a cabo por Red Eléctrica destaca un estudio sobre los efectos biológicos liderado por el Instituto de Biología y Genética Molecular (IBGM), dependiente del Consejo Superior de Investigaciones Científicas (CSIC) y la Facultad de Medicina de la Universidad de Valladolid. Las conclusiones quedaron recogidos en la publicación *"Cinco años de investigación sobre los efectos biológicos de los campos* *electromagnéticos de frecuencia industrial en los seres vivos (1995-2000)"*, que fue muy bien acogida por la comunidad científica y médica en particular, como lo muestra el hecho de que fuera presentada oficialmente en la sede del Consejo General de Colegios Médicos de España, donde su Presidente alabó la seriedad de investigación realizada y la necesidad de que los médicos transmitieran a la sociedad un mensaje tranquilizador respecto a las instalaciones eléctricas. Actualmente Red Eléctrica está colaborando con Unesa y con el Instituto de Magnetismo Aplicado 'Salvador Velayos', que depende de la Universidad Politécnica de Madrid y del CSIC, en un proyecto cuyo objetivo es desarrollar una herramienta de cálculo de la densidad de corriente inducida en el cuerpo humano. Esta herramienta sería muy útil para evaluar el cumplimiento de la normativa de exposición.

Medidas de campo eléctrico y magnético: Además de las medidas indicadas anteriormente, Red Eléctrica también ha medido la exposición del público debido a sus instalaciones en un total de 1.116 puntos (en 142 líneas y 36 subestaciones). Los resultados de la tabla siguiente muestran que la recomendación europea se cumple en la inmensa mayoría, pues en tan solo el 0,7% de los puntos se supera ligeramente el nivel de campo eléctrico.

Campo eléctrico			Campo magnético		
Media	Mediana	N° puntos por encima de 5 kV/m	Media	Mediana	N° puntos por encima de 100 µT
0.83 kV/m	0,40 kV/m	8 (el 0,7 %)	1,70 µT	0,84 µT	0

Asimismo, Red Eléctrica ha medido la exposición de trabajadores de mantenimiento de las subestaciones, midiendo en un total de

883 puntos en 37 subestaciones. Los resultados, tabla siguiente, muestran que se cumple en todo momento la Directiva sobre campo magnético y que en el 7,5% de los puntos se supera la del campo eléctrico; estas medidas han sido útiles para determinar que el 97% de estos puntos están cerca de un equipo específico, lo que permitirá diseñar medidas para reducir esta exposición.

Campo eléctrico (kV/m)			Campo magnético (µT)		
Media	Mediana	Nº puntos por encima de 10 kV/m	Media	Mediana	Nº puntos por encima de 500 µT
3,53	2,33	66 (el 7,5 %)	8,34	1,73	0

Divulgación científica: La complejidad del tema, unido a la falta de información fiable, estaba contribuyendo a aumentar la preocupación social, por lo que era imprescindible una publicación divulgativa, tal y como existía en casi todos los países desarrollados. El folleto *"Energía eléctrica. Campos electromagnéticos"* (1996) constituyó el primer hito en esta tarea, y fue muy útil para dar a conocer estos temas al gran público.

Pronto se percibió la necesidad de una publicación más técnica y rigurosa para especialistas del sector eléctrico y de otras industrias, profesores universitarios, médicos a cuyas consultas acudía la gente para pedir opinión, etc., a quienes no les bastaba un folleto, sino que requerían unos conocimientos basados en evidencias publicadas y reconocidas por la comunidad científica. Con el objetivo de satisfacer esta necesidad el Grupo de Trabajo sobre Campos Electromagnéticos de UNESA, formado por representantes de las principales empresas eléctricas de España, publicó en 1998 el libro *"Campos eléctricos y magnéticos de 50 Hz. Análisis del estado actual de conocimientos"*, actualizada en

2002. Además, se ha hecho una intensa labor de divulgación a través de las diversas publicaciones corporativas, tanto internas de Red Eléctrica como del sector eléctrico; y también en publicaciones de otros sectores y organismos. En este sentido, Red Eléctrica ha participado en todo proyecto divulgativo que se le ha propuesto. Entre las iniciativas más interesantes está el libro *"Ondas electromagnéticas y salud"*, editado en 2002 por una asociación vinculada a la Facultad de Medicina de la Universidad Complutense de Madrid; y el libro *"Campos electromagnéticos, salud pública y laboral"*, editado por el sindicato Comisiones Obreras y que recoge las ponencias de un seminario en 2002.

Organización y participación en seminarios: Otro aspecto de la divulgación, quizás a un nivel más técnico, es la organización de seminarios. En este apartado es obligado destacar las *Jornadas sobre Líneas Eléctricas y Medio Ambiente* organizadas por Red Eléctrica y que constituyen un foro único en el mundo en el que se reúnen empresas eléctricas, administración, universidad, asociaciones, con objeto de compartir conocimientos y experiencias, debatir y reflexionar sobre todos los aspectos medioambientales relacionados con el transporte de la energía eléctrica y su contribución al reto de lograr un desarrollo sostenible. Se han celebrado cuatro ediciones (1994, 1996, 1999 y 2003), y en todas ellas ha habido una sesión dedicada a los campos electromagnéticos en la que destacados expertos españoles y extranjeros han aportado sus conocimientos. En todas las ediciones se ha publicado un libro con las ponencias. Otro hito importante fue la organización en 1997 del curso de verano *"Los campos electromagnéticos, la salud y el medio* *ambiente. Situación actual"* en la Universidad de Valladolid. Las clases fueron impartidas por destacados especialistas en las distintas materias, tanto nacionales como extranjeros. Este curso tuvo gran repercusión en los medios de comunicación. Por último, hay que destacar la participación activa en decenas de cursos, seminarios y jornadas organizadas por universidades, ayuntamientos, instituciones científicas o médicas y organismos públicos, etc. a lo largo de estos años en los que había un gran interés por este tema; incluso se ha intervenido en varios congresos internacionales organizados (entre otros) por la Organización Mundial de la Salud.

Formación interna: Los mejores representantes de una empresa son siempre sus trabajadores, por lo tanto era prioritario para Red Eléctrica que conocieran el tema, que fueran capaces de explicarlo a todo aquel que les preguntara y, sobre todo, que estuvieran seguros de que su actividad laboral no supone un riesgo por exposición a campos electromagnéticos. Para ello se diseñó un curso de formación interna, impartido desde 2000 en los diversos centros de trabajo de Red Eléctrica en toda España. Otra iniciativa muy útil es la elaboración junto con Unesa de un *Boletín de novedades sobre campos eléctricos y magnéticos de 50-60 Hz.* Esta publicación mantiene informados a trabajadores y directivos de las empresas eléctricas sobre los estudios científicos, jornadas, normativa, noticias relevantes tanto de España como del extranjero.

Atención de quejas y consultas: A lo largo de estos años se han recibido en Red Eléctrica numerosas consultas sobre campos electromagnéticos. La mayoría han consistido en petición de información, resueltas enviando las publicaciones disponibles o contestando a las preguntas específicas, y solicitudes de medir el nivel de campo eléctrico y magnético. Todas ellas han sido atendidas puntualmente. Mención aparte merece la respuesta de las consultas previas que cualquier particular o institución puede formular ante un proyecto de nueva instalación en el trámite de aprobación del preceptivo Estudio de Impacto Ambiental. En Red Eléctrica se han recibido miles de consultas sobre campos electromagnéticos. Por supuesto todas han sido respondidas.

D. Conclusiones

Desde 1979 se investiga si los campos electromagnéticos de frecuencia industrial generados por las instalaciones eléctricas pueden tener relación con alguna enfermedad, especialmente cáncer. Según la Organización Mundial de la Salud son el agente más estudiado de la historia. Todos los organismos científicos han expresado que, cumpliendo los límites recomendados, no existen riesgos para la salud pública por exposición a los campos electromagnéticos generados por las instalaciones eléctricas. Los únicos efectos conocidos y comprobados son a corto plazo (inmediatos). Son inmediatos, desaparecen al cesar la exposición y no están relacionadas con enfermedades. Red Eléctrica de España, empresa propietaria de la red de transporte de energía eléctrica y responsable de la operación del sistema eléctrico, se ha visto involucrada en la polémica sobre los posibles efectos de los campos electromagnéticos y su estrategia se ha basado en dos pilares: conocer e informar.

Desde el punto de vista del diálogo social propugnado por la Responsabilidad Corporativa, se puede afirmar que la actuación de Red Eléctrica en esta polémica ha sido adecuada, buscando crear un clima de confianza con todas las partes que favoreciera el entendimiento y transmitiendo un mensaje veraz. Sin embargo, como aspecto mejorable se puede destacar que ha habido una cierta unidireccionalidad en su actuación. Red Eléctrica tenía claro el mensaje que debía transmitir a las partes interesadas, con veracidad y transparencia, y hubiera sido más fructífero para todos, incluyendo a la empresa misma, crear un diálogo social más bidireccional y completo.

AUTOEVALUACIÓN

Protección medioambiental. Nociones básicas sobre contaminación medioambiental. Principales riesgos medioambientales relacionados a las funciones de la electricidad.

---

1. De los siguientes términos uno no pertenece a la terminología Medioambiental.
- a) Ecosistema.
- b) Hábitat.
- c) Energía renovable.
- c) Ninguna es correcta
- d) Todas son correctas.

2. A que se denomina: Sustancia no deseada que está presente en cualquier medio, impidiendo o perturbando la vida de los organismos y produciendo efectos nocivos a los materiales y al propio ambiente.
- a) Residuo.
- b) Vertido.
- c) Basura.
- d) Contaminante.
- e) Emisión.

3. Cómo se denomina el término que aparece por primera vez en el Informe Brundtland, también conocido como "el futuro de todos" (Comisión mundial para el desarrollo del medio ambiente de Naciones Unidas, 1987) y lo define como aquel desarrollo que satisface las necesidades del presente sin comprometer las necesidades de generaciones futuras:
- a) Desarrollo Insostenible.
- b) Equilibrio sostenible.
- c) Desarrollo sostenible.
- d) Equilibrio insostenible.
- e) Ninguna es correcta.

4. Cuál de los siguientes no corresponde a uno de los Efectos más perjudiciales del medio ambiente:
  a) Efecto invierno
  b) Agujero de ozono
  c) Acidificación
  d) Contaminación de los suelos
  e) Ninguna es correcta

5. ¿Cómo se denomina desechos producidos por las instalaciones industriales?
  a) Escombros industriales
  b) Desechos de factoría
  c) Residuos industriales
  d) Ninguna es correcta
  e) Todas son correctas

6. Las zonas urbanas están sometidas a una amplia gama de contaminantes, alguno de los cuales pueden ser:
  a) Fructíferos
  b) Cancerígenos
  c) Alucinógenos
  d) Patógenos
  e) Infecciosos

7. Entre las medidas existentes para frenar o reducir las emisiones de los diferentes agentes contaminantes se encuentran:
  a) Ahorro energético. Merece prioridad dado su potencial de reducción del CO2.
  b) Repoblación forestal y eliminación de CFCs, etcétera.
  c) El cambio de combustible fósil al gas natural o a las fuentes de energía alternativas o renovables.
  d) Todas son correctas.
  e) Ninguna es correcta.

8. ¿Cuál de los siguientes enunciados es correcto?

a) Las energías renovables son aquellas que no pueden obtenerse directamente de los ciclos naturales y todas ellas dependen, de alguna forma, de los ciclos solares.

b) Las energías renovables son aquellas que pueden obtenerse indirectamente de los ciclos naturales y todas ellas dependen, de alguna forma, de los ciclos solares.

c) Las energías renovables son aquellas que pueden obtenerse directamente de los ciclos naturales y todas ellas dependen, de alguna forma, de los ciclos solares.

d) Las energías renovables son aquellas que pueden obtenerse directamente de los ciclos naturales y todas ellas no dependen, de alguna forma, de los ciclos solares.

e) Las conductas renovables son aquellas que pueden obtenerse directamente de los ciclos naturales y todas ellas no dependen, de alguna forma, de los ciclos solares.

9. ¿Qué es el IDAE?

a) Instituto para la División y Ahorro de Energía.
b) Instituto para la Defensa del Ambiente Español.
c) Instituto de la Dirección Ambiental de Energía.
d) Instituto para la Diversificación y Ahorro de la Energía.
e) Ninguna es correcta.

10. ¿Cómo se denominan los equipos productores de Energía Eólica?

a) Aeropropulsores
b) Aeroeléctricos
c) Aerogeneradores
d) Aerodisipadores
e) Aeroturbinas

11. La captación de la energía solar puede ser:

a) Pasiva, térmica o fotovoltaica
b) Pasiva, cálida, fotocelular
c) Activa, fría, fotoamperométrica
d) Activa, térmica, fotovoltaica
e) Todas son correctas

12. Señalar correctamente cuáles son los diferentes niveles relacionados con la normativa medioambiental:

a) Internacional, Europeo, Estatal, Autonómico.
b) Autonómico, Europeo, Estatal, Internacional.
c) Europeo, Internacional, Autonómico, Estatal.
d) Ninguna es correcta.
e) a y c son correctas

13. Cómo se denomina la entidad europea en la cual se puede obtener información normativa:

a) Agencia Europea de Ecología.
b) Agencia Europea de Medio Ambiente.
c) Agencia Europea del Ecosistema.
d) Agencia Europea de Desarrollo ambiental.
e) Agencia Europea de Ambiente

14. En Andalucía, la principal normativa de Protección Ambiental, que se ha desarrollado en diversos Reglamentos es la Ley Nº:

a) Ley 7/1994
b) Ley 5/1994
c) Ley 4/1995
d) Ley 2/1995
e) Ley 1/1992

15. ¿En cuántos reglamentos se ha desarrollado la Ley de Protección Ambiental de Andalucía?

a) Dos
b) Cinco
c) Cuatro
d) Uno
e) Tres

16. A qué principio, que rige la acción comunitaria UE, se refiere el siguiente enunciado: "La comprensión de los retos y amenazas a los que se encuentra expuesto el medio ambiente exige una política de información y comunicación que implique y comprometa a la sociedad".
a) Principio de evaluación.
b) Principio de Educación.
c) Principio de "quien contamina paga".
d) Principio de vinculación a los conocimientos técnicos.
e) Ninguna es correcta

17. El Departamento más importante de la Administración General del Estado en materia medioambiental creado por primera vez en la historia de la organización administrativa española en mayo de 1996 es:
a) Ministerio de Equilibrio ecológico.
b) Ministerio de Medio Ambiente.
c) Ministerio de Desarrollo ecológico.
d) Ministerio del Ecosistema.
e) Ministerio de Ecología

18. Cual/es definición/es corresponde/n a las Actitudes y Pautas de consumo sostenibles sociales
a) Uso racional del agua.
b) Gestión adecuada de los residuos generados.
c) Desarrollo de las ciudades.
d) a y b son correctas.
e) Ninguna es correcta

19. ¿Cuál es la frecuencia (Hertz) del sistema eléctrico?
a) 40-20 Hz.
b) 50-100 Hz.
c) 50-60 Hz.
d) 20-60 Hz.
e) 30-40 Hz.

20. ¿En qué ámbitos se desarrollaron los estudios sobre riesgos para la salud de los campos magnéticos?
   a) Dermatológico y Bioético
   b) Dermatitis y Biopsia
   c) Espeleológico y Biorritmia
   d) Epidemiológico y Biofísico
   e) Fisioterapia y Arritmia

21. ¿En qué dos grandes apartados sintetizó Red Eléctrica Española sus actividades?
   a) Poder y Sabiduría.
   b) Energía y Transmisión.
   c) Conocimiento e Información.
   d) Investigación y Desarrollo.
   e) Ninguna es correcta

22. Desde el año 1979, y en España muy especialmente entre los años 1993 y 1999, asistimos a una agria polémica sobre la supuesta peligrosidad de:
   a) Los transformadores.
   b) Los condensadores.
   c) Los tendidos eléctricos.
   d) Los conductores.
   e) Los diferenciales.

23. A qué campos se refieren los estudios epidemiológicos más recientes, realizados sobre poblaciones mayores y con mejores metodologías de medida de la exposición, los cuales concluyen de forma categórica que dichos campos, generados por las líneas eléctricas de alta tensión no suponen un riesgo para la salud pública.
   a) Campos Eólicos y generadores.
   b) Campos de Andalucía y alrededores.
   c) Campos eléctricos y magnéticos.
   d) Campos de tierra y cosechas.
   e) Ninguna es correcta.

24. Los únicos efectos nocivos conocidos y comprobados de los campos electromagnéticos de frecuencia industrial son los efectos agudos (a corto plazo) que se producen cuando la densidad de corriente que estos campos inducen en el interior del organismo supera:
   a) Cierto valor umbral.
   b) La barrera del sonido.
   c) La velocidad de la luz.
   d) La estructura ósea.
   e) Ninguna es correcta.

25. La Organización Mundial de la Salud, publicó una guía para prevenir este tipo de efectos agudos. Para campos magnéticos de 50 Hz ICNIRP establece los siguientes valores de referencia. Indicar el correcto para el caso de trabajadores:
   a) 500 µT
   b) 300 µT
   c) 600 µT
   d) 1000 µT
   e) 2000 µT

SOLUCIONARIO

1. d) Todas son correctas.
2. c) Contaminante.
3. c) Desarrollo sostenible.
4. a) Efecto invierno
5. c) Residuos industriales
6. b) Cancerígenos
7. d) Todas son correctas.
8. c)
9. d) Instituto para la Diversificación y Ahorro de la Energía.
10. c) Aerogeneradores
11. a) Pasiva, térmica o fotovoltaica
12. a) Internacional, Europeo, Estatal, Autonómico.
13. b) Agencia Europea de Medio Ambiente.
14. a) Ley 7/1994
15. c) Cuatro.
16. b) Principio de Educación.
17. b) Ministerio de Medio Ambiente.
18. d) a y b son correctas.
19. c) 50-60 Hz.
20. d) Epidemiológico y Biofísico
21. c) Conocimiento e Información.
22. c) Los tendidos eléctricos.
23. e) Campos eléctricos y magnéticos.
24. a) Cierto valor umbral.
25. b) 500 µT

NORMATIVAS EN INSTALACIONES ELECTRICAS
REBT - PRL - MEDIOAMBIENTE

Miguel D'Addario

Primera edición

2015

CE